KB171140

왜 그렇게
말해 주지
못했을까

왜 그렇게
말해 주지 못했을까

초판 1쇄 인쇄 2020년 1월 6일
초판 1쇄 발행 2020년 1월 15일

지은이 베르나데트 르모완느, 디안느 드 보드망 **옮긴이** 강현주

펴낸이 이상순 **주간** 서인찬 **편집장** 박윤주 **제작이사** 이상광
기획편집 박월 김한솔 최은정 이주미 이세원 **디자인** 유영준 이민정
마케팅홍보 이병구 신희용 김경민 **경영지원** 고은정

펴낸곳 (주)도서출판 아름다운사람들
주소 (10881) 경기도 파주시 회동길 103
대표전화 (031) 8074-0082 **팩스** (031) 955-1083
이메일 books777@naver.com **홈페이지** www.books114.net

ISBN 978-89-6513-569-2 13590

Petites phrases à leur dire pour les aider à grandir
by Bernadette Lemoine and Diane de Bodman

이 도서의 국립중앙도서관 출판예정도서목록(CIP)은 서지정보유통지원시스템 홈페이지(http://seoji.nl.go.kr)와 국가자료종합목록 구축시스템(http://kolis-net.nl.go.kr)에서 이용하실 수 있습니다. (CIP제어번호 : CIP2019048744)

파본은 구입하신 서점에서 교환해 드립니다.

왜 그렇게 말해 주지 못했을까

반성합니다.
내 아이를 부수었던
대화를…

베르나데트 르모완느, 디안느 드 보드망 지음 | 강현주 옮김

아름다운사람들

이 소중한 말들은
아이에게 일생 동안
좋은 선물이 될 것입니다.

프롤로그

반성합니다.
내 아이를 부수었던 대화를…

아이들에게 힘든 일이 있거나 풀기 어려운 인생의 숙제가 생겼을 때 부모는 자신의 삶을 당당하고 행복하게 살아갈 수 있는 어른으로 성장시키기 위해 늘 최선을 다하고자 합니다. 삶의 조건은 변화되더라도 아이라는 존재 자체를 존중하는 것이 무엇보다 가장 중요하니까요.

완벽한 아이는 없습니다. 부모 역시 마찬가지입니다. 올바른 부모의 역할은 우리가 우리의 부모에게 배웠던 행복해지는 법, 책임지는 법, 그리고 애정을 담아 사랑하는 법을 아이에게 제대로 전달하는 것입니다.

이 책에는 일상에서 변화 혹은 문제가 발생했을 때 참고하면 좋은 행동 방침, 다시 말해서 아이들의 말에 귀 기울이고, 다정하게 말을 건네고, 아이들의 행동에 어떻게 반응해야 하는지를 제안하였습니다. 각각의 상황에 따라 **'이렇게 해보세요'**(종종 아이들의 심리 상태를 반영한 충고입니다)를 통해 아이에게 다정하게 말을 건네 아이가 변화된 행동을 보일 수 있게 되는 효과적인 대화법 또한 소개하였습니다. 물론 아이의 연령이나 성향에 맞춰 부모가 이 대화법을 조금 변형해서 활용해도 좋을 겁니다. **'이렇게 하지 마세요'**에서는 알면서도 실수하게 되는 말이나 태도를 소개하였습니다. 그리고 마지막으로 상황에 따라 큰 도움이 될 만한 비법인 **'효과가 바로 나타나는 솔루션'**도 제안하였습니다.

이 책에서 부모의 적절한 단어 사용에 초점을 맞춘 이유는 무엇일까요? "잘못 내뱉은 말은 영혼에 상처를 입힌다"라고 플라톤은 말했습니다. 아이가 잘 성장하려면 길을 제시하고 용기를 주고 신뢰감을 형성할 수 있는 어른이 필요합니다. 진심 어린 말과 행동, 따뜻한 시선과 태도로 무한한 사랑을 보여줄 수 있는 어른 말입니다.

아기, 아이, 어른 할 것 없이 우리 모두 말에 민감합니다. 말에는 에너지가 있어서 능력을 북돋워 주기도 하고 억누르기도 하면서 엄청난 영향력을 끼칩니다. 진실인지, 거짓인지, 긍정적인지, 부정적인지에 따라 말은 기쁘게 하고, 안정감을 주고, 결핍을 채워주고, 성장하게 하고, 용기를 주기도 하지만, 공격적이 되게 하거나 우울하게 만들고, 아무것도 할 수 없게끔 무기력하게 만들고, 분노를 폭발시키게도 합니다.

애정이 담긴 조언을 적절하게 건네는 것은 자녀교육 차원에서 핵심 비결이기도 하며, 부모가 반드시 배우고 익혀야 하는 부분이기도 합니다!

아이가 성장하면서 자신의 의견을 분명하게 전달하고, 각각의 상황에 맞는 행동을 하고, 올바른 태도를 익히는 것을 돕기 위해선 부모가 먼저 아이에게 하는 말이나 태도, 반응에 특별히 주의를 기울여야 합니다. 물론 바쁜 일상 속에서 매번 한결같이 잘할 수 없을 뿐만 아니라, 쉬운 일도 아닙니다. 그렇기 때문에 이 책은 언어적인 차원이나 교육적인 차원에서 매우 큰 도움이 될 것입니다.

한 번에 모두 바꾸려고 하지 마세요! 습관을 바꾸기 위해서 먼저 어떤 점에 주의를 기울일지 선택하세요. 이것이 바로 아이의 인생을 바꿀 진심이 담긴 말 습관을 만드는 첫걸음입니다! 중요한 것은 아이의 상황에 맞게 가장 적절한 단어를 선택하고 행동하는 법을 한 가지씩 배워나가고자 하는 것입니다.

그동안 너무 쉽게 화를 내거나, 너무 성급하게 부적절한 단어를 입 밖으로 말하거나, 부정적으로 말해서 후회했던 경험이 있을 것입니다. 하지만 이 책을 만난 이후론 "내가 평정을 유지하다니!", "내가 적절한 단어를 사용했어!"라며 자기 자신에게 깜짝 놀라게 되는 경험을 얻게 될 것입니다. 또한 함께 성장해 있는 자녀의 모습과 태도를 자랑스러워하게 될 것입니다.

차례

chapter 5

아이의 마음을 지옥으로 만드는 말 끊어내기

chapter 1

상처 주지 않고
말하는 방법을
알았더라면

행복한 아이로 키우는 10가지 비결

사랑받고 있다고 느끼고 다른 사람을 사랑할 줄 아는 아이는 주위 사람을 행복하게 해줍니다. 왜냐하면 누군가를 사랑하는 법을 배웠으니까요.

우리가 이 책에서 제안하는 실질적인 충고는 자녀가 자라면서 보여주기를 원하는 삶의 진정한 가치를 깨닫게 해줄 것입니다. 부모인 우리가 살아가는 존재 방식, 말하고 행동하는 방식이 아이에게 아주 자연스럽게 스며들듯 말입니다.

1. 진실을 존중하는 법을 가르치세요

• 부모는 항상 자녀와 진실된 관계여야 합니다. 아이에게 다음과

같이 말할 때마다 부모는 자녀와 진실된 관계를 유지할 수 있습니다.

> 엄마는 네가 조금 전에 했던 말이 마음에 들지 않아. 그건 옳지 않아. 엄마가 여전히 너를 사랑하고 있더라도 말이야.
>
> 너는 엄마에게 잘못한 것을 숨겼어. 그건 거짓말이야.
>
> 네가 아빠에게 사실대로 말할 용기를 낸 것에 대해서 칭찬하고 싶구나. 그것은 정말 힘든 일이지만 아주 잘한 일이야.

- 아이가 경험하게 될 것을 미리 알려줌으로써 부모는 아이가 변화에 잘 적응할 수 있도록 돕습니다.

> 너는 다른 어린이집에 다니게 될 거야. 낯설긴 하겠지만 모든 게 다 잘 될 거야.
>
> 너에게 곧 남동생이 생기게 될 거야.

- 아이가 진실되기를 원한다면 자녀에게 부모가 어렸을 때 완벽한 아이였다고 믿게 만들지 마세요!

2. 공평함의 의미를 습득하게 하세요

우리는 아이가 이기적인 마음을 가지지 않도록 가르쳐야 합니다.

또한 부모는 공평함과 동등함의 의미를 구분해서 아이를 대해야 합니다. 우리는 모든 아이에게 정확하게 똑같이 물건을 나눠주거나 똑같이 대할 수는 없습니다. 아이들 각자를 완전히 똑같이 사랑한다고 하더라도 말입니다. 사랑의 표현은 아이의 나이와 성격에 따라 다르고 변해야 하니까요.

- 공평하다는 것은 각각의 상황에서 모두에게 적절하다는 것을 뜻해. 예를 들면, 다섯 살인 네가 3개월 된 동생에게나 어울릴 법한 옷을 입히면 좋겠니?
- 지금 엄마가 아기에게 해주는 것은 네가 아기였을 때 너에게 해줬던 거란다.
- 지금 엄마는 유진이 나이에 더 재미있어할 만한 또 다른 사랑의 표현을 해주고 있는 거야. 엄마는 유진이를 항상 사랑하고 있지만, 사랑의 표현은 유진이 나이에 따라 계속 달라질 거야.

3. 내면의 자유로움을 만들어주세요

우리는 좋음, 옳음, 진실함, 공정함의 의미에 부합할 수도 있고 아닐 수도 있는 이런저런 활동이나 태도 중에서 아이가 선택할 수 있도록 수많은 가능성을 열어둠으로써 아이가 진정한 의미의 자유를 습득할 수 있게 해야 합니다. 따라서 아이가 선택한 것으로 인해 좋거나 나쁜 결과를 경험하게 되는 사람 역시 자기 자신이라는 사실을 알고 자기 의지대로 선택할 수 있어야 합니다.

부모의 역할은 아이가 최신 유행을 따르는 것, 유행하는 최신 게임을 구입하는 것 등 외적인 영향에 의해 생각 없이 따르는 것을 막고 스스로 마음속 깊이 옳고, 좋고, 진실하고, 공정하다고 믿는 것을 지킬 수 있도록 도와주는 것입니다.

- 제때 저녁 식사를 하려면 지금 샤워하는 것이 좋지 않을까?
- 다현이와 놀려면 엄마는 네가 지금 숙제를 해야 한다고 생각해. 이제 숙제할 시간이야.
- 네가 하기로 한 활동을 끝까지 마칠 준비가 되었니?
- 네가 한 숙제에 대해서 어떻게 생각하니? 만족하니? 네가 만족한다면 계속해봐. 친구들 평가에 신경 쓰지 말고.

4. 좋은 기분을 유지하는 법을 가르치세요

우리는 아이가 해야 할 일이 비록 지루하고 힘들더라도 미소를 유지하며 즐겁게 해야 하는 것이 스스로에게 도움이 된다는 사실을 깨닫게 해줘야 합니다. 힘든 일이 있더라도 좋은 기분을 유지하고, 이러한 마음 상태를 유지하려고 노력한다면 노력의 의미는 더 커질 테니까요.

💬 숙제하는 게 몹시 지루하다는 건 엄마도 알아. 하지만 네가 미소 지으며 기분 좋게 숙제를 하면 더 쉽게 할 수 있고, 엄마 아빠를 기쁘게 해줄 수 있다는 걸 알게 될 거야.

💬 엄마는 민준이가 불평하지 않고 식탁 정리하는 모습을 보면 매우 만족할 거야.

5. 잘못을 인정하는 법과 용서의 의미를 깨닫게 하세요

우리는 아이에게 어리석은 행동이나 거짓말을 한 후에 자신의 잘못을 인정하는 법을 가르쳐야 합니다. 단, 부모는 아이라는 존재 자체와 아이의 행동을 구분할 필요가 있습니다. 나쁜 것은 아이가 아니라 아이의 행동, 아이의 말입니다. 그런 다음에 아이에게 자신이 무너뜨린 관계를 회복시킬 것을 요구하세요. 용서를 구할 때 비로소 화해할 수 있으며, 어리석은 행동이나 거짓말, 심술궂은 행동 등으로 고통을 받았던 사람을 위로할 수 있습니다.

부모 역시 잘못했다면 머뭇거리지 말고 아이에게 용서를 구해야 합니다. 의도치 않게 내뱉었던 말로 상처를 주거나 지나칠 정도로 심하게 처벌했다는 생각이 든다면 말입니다. 부모를 완벽한 존재라고 믿게 만들지 마세요. 아이에게 용서를 구한다고 부모로서의 권위가 흔들리는 건 절대 아닙니다.

- 엄마는 너를 늘 똑같이 사랑하지만, 방금 네가 했던 거짓말은 사랑하지 않아. 그건 나쁜 행동이야.
- 네가 엄마에게 함부로 말했던 것에 대해 사과해.
- 엄마가 너를 힘들게 했던 것에 대해서 용서를 구할게.
- 아빠는 네가 네 형에게 용서를 구해야 한다고 생각해.
- 너는 엄마 아빠가 네 언니를 정말로 용서하기를 원하니?
- 네가 방금 보였던 심술궂은 행동에 대해 어떻게 용서를 구할 거니?

6. 아이에게 용기와 끈기를 길러주세요

우리는 아이가 포기하지 않고 끝까지 노력해 발전하거나 성공할 수 있도록 용기를 줘야 합니다. 파스퇴르[1]가 말했듯 "자녀에게 삶의 고난을 피하게 하려 애쓰지 말고, 자녀에게 그것을 극복하는 법을 가르쳐"줘야 합니다.

- 계속 노력해! 끈기를 가져!
- 이건 네가 한 번에 성공할 수 없는 일이야, 계속 시도해봐!
- 그걸 해낼 수 있는 다른 방법을 찾아보자!
- 잠시 쉬고 나서 다시 시작해보자!

생각해봐! 이걸 할 수 있는 다른 방법은 없을까?

7. 미적 감각, 아름다움이나 완성도 높은 작품에 대한 감각을 길러주세요

우리는 단지 잠시 하던 일을 멈추고 아이와 함께 듣고, 보고, 느끼고, 맛볼 수 있는 시간을 내기만 하면 됩니다. 이런 행위를 통해서 아이에게, 아이의 내면에 무슨 일이 일어나고 있는지 귀 기울이는 법을 가르칠 수 있습니다. 또한 아이에게 일상 속 아름다움을 감상하고 발견할 기회를 줍니다.

이 그림은 너에게 무슨 의미가 있니?

너는 이 음악을 들을 때 어떤 기분이 드니?

우리는 아이에게 아름다운 것, 공정한 것을 사랑하고, 자신이 해야 할 일을 제대로 완수하는 법을 가르쳐야 합니다. 또한 이것은 주위 사람들뿐만 아니라 자기 자신을 존중하는 길이기도 합니다.

엄마는 이렇게 엉망으로 쓴 과제를 제출해서는 안 된다고 생각해. 이 숙제를 다시 제대로 하렴.

네가 너와 함께 있는 사람을 존중한다면 똑바로 앉아.

옷을 제대로 입으렴.

8. 시간관념과 현재에 충실하게 살아가는 법을 가르치세요

우리는 아이들에게 시간에 대한 기준을 제시해줄 수 있어야 합니다. 계획을 세우고 그것을 지키는 것은 삶에 안정감을 느끼게 해줄 뿐만 아니라 무엇이 더 중요하고 어떤 것이 우선인지를 깨닫게 해줍니다.

어떤 일이든 다 때가 있어.

지금 네가 하고 있는 일에 대해 어떻게 생각하니?

다른 것을 구상 중이니? 아니면 네가 하는 일에 집중하렴.

우리는 모든 감각을 통해서 지금 이 순간을 경험하는 법을 가르쳐야 합니다. 아이는 균형 잡힌 심리 상태를 토대로 현실에 대한 감각을 키우면서 성장해갑니다.

이 작은 꽃의 향기를 맡아볼래? 다음에도 이 꽃향기를 맡으면 구별할 수 있겠니?

지저귀는 새 소리가 들리니?

9. 타인을 존중하는 법을 가르치세요

우리는 아이가 다른 사람들이 질병, 장애, 나이에 따라 어떤 한계를 가지고 있거나 어떤 직업을 가지고 있든지 간에 그들을 존중할 수 있게 가르쳐야 합니다. 가족이나 공적인 물건, 규칙에 대해서도 마찬가지입니다. 부모와 자식 간에 서로 존중하는 태도는 '친구처럼 지낸다'라는 뜻이 아닙니다! 이런 태도는 적절하지 않습니다.

- 너도 똑같은 사람이야. 하지만 아직 경험을 많이 한 어른은 아니야! 너와 아빠의 차이는 아직 네가 어려서 하지 못한 삶의 경험을 아빠는 많이 했다는 거야. 단지 어른만이 이런 경험으로 얻은 지식을 아이에게 전달해줄 수 있어. 따라서 네 친구에게 말하듯이 아빠에게 말해선 안 돼.
- 엄마는 네 친구가 아니야. 너는 네 친구에게 하듯이 엄마나 다른 어른들에게 말해선 안 돼.
- 화가 날 수도 있어. 하지만 물건을 부수거나 가족들 귀를 먹먹하게 만들 권리는 네게 없어.

우리는 아이에게 시간, 장소, 행동 등에 있어서 한계의 의미를 가르쳐줘야 합니다. 살아가면서 모든 것이 다 허락되는 것은 아니며, 모든 것이 다 가능하지도 않으니까요. 또한 이것은 다른 사람들의 사생활을 존중하는 것이기도 합니다.

- 엄마 가방 함부로 뒤지지 마.
- 한밤중에 무섭다고 엄마 아빠 침대 속으로 들어오면 안 돼.
- 엄마 아빠 방이나 욕실에 들어오기 전에는 항상 노크해.

10. 다른 사람들에게 열린 마음을 가질 수 있도록 격려하세요

우리는 아이들에게 다른 사람을 배려하고, 존재감이 없거나 혼자인 친구도 친구의 범위 안에 포함시키도록 격려해야 합니다. 그리고 아이가 다른 사람의 고통에 대해서 생각할 수 있도록 이끌어주어야 합니다. 물론 혼자인 친구에게 먼저 다가가는 것이 어렵고 용기가 필요한 일이라는 것을 충분히 인정해주면서 말이죠.

- 새로 전학 온 지호와는 어떻게 지내니?
- 만약에 네가 전학 온 학생이라면 너는 사람들이 너에게 어떻게 해줬으면 좋겠니?
- 만약 네가 지호 입장이고 누구도 너에게 관심이 없고 너와 놀아주지도 않고 말도 걸어주지 않으면, 너는 어떨 것 같니?
- 누구도 혼자 내버려 둬선 안 돼!
- 너는 혼자 있는 친구에게 다른 친구들을 데리고 가서 함께 놀자고 할 수 있겠니?

소통의 질을 높이는 3단계 대화법

1. 아이의 말에 귀 기울여주기

부모가 자신의 말에 귀를 기울이고 있다는 사실을 알면 아이들은 사랑받고 있다고 생각합니다. 귀 기울여 듣는 것은 단지 소리를 듣는 것 이상을 뜻합니다. 이는 상대방을 이해하고 싶다는 뜻이며, 상대방이 우리에게 전달하고 싶어 하는 말을 단지 언어뿐만이 아니라 표현하는 모든 것, 즉 태도나 표정 등을 통해서 이해하고 싶다는 뜻이기도 하니까요. 또한 상대방이 사용하는 단어뿐만 아니라 그의 내면 상태에 주의를 기울이는 것이기도 합니다.

◎ 이렇게 해보세요

• 아이가 자신이 경험했던 상황을 장황하게 말하더라도 친절하게

끝까지 들어주세요.

- 아이의 심리 상태를 드러낼 수 있는 몸짓, 표정, 억양, 비명, 중얼거림, 투덜거림 등 비언어적인 말이나 분노, 당황, 흥분, 짜증 등 감정을 드러내는 태도에도 주의를 기울여주세요.
- 아이의 어떤 표현에 마음이 움직였는지 생각해보세요. 그 순간의 감정이나 느낌이 긍정적이든 부정적이든 간에 그것을 단어로 표현해보세요. 이런 과정을 거치면서 부모는 감정조절을 할 수 있고, 아이에게도 자신이 느끼는 것을 더 잘 표현할 수 있는 용기를 줍니다.

아이에게 해주면 좋은 말

• 아이의 말에 애정을 가지고 주의 깊게 귀 기울이기

네 말 잘 듣고 있어. 엄마에게 말해봐.

조금 전에 엄마에게 말하려고 했던 거 먼저 말해주겠니? 엄마가 잘 들을게.

자, 엄마는 네 말을 들으려고 토끼처럼 귀를 활짝 열고 있단다!

엄마는 너를 이해하려 노력하고 있어.

⊗ 이렇게 하지 마세요

- 아이가 입을 열기도 전에 "엄마는 네가 무슨 말을 할지 다 알고 있어"라고 말하지 마세요.
- 아이가 슬퍼하는 이유를 말하기도 전에 아이를 위로하려 하지 마세요.

? 왜 그렇게 해야 할까요?

- 아이의 말을 진심으로 들어주면 아이는 부모를 믿고 속마음을 얘기하게 됩니다.
- 아이가 경험하고 생각하고 있는 것에 공감할 수 있습니다.
- 누군가 자신의 말을 경청하고 있다고 느낌으로써 아이가 자신이 생각하고 느끼고 있는 것에 대해 더욱 분명하게 파악할 수 있습니다.
- 아이가 부모가 하는 말에 귀 기울일 기회를 증가시킵니다.

효과가 바로 나타나는 솔루션

♡ 아주 사소한 일에도 주의를 기울이세요. 부모에겐 사소한 일이지만 아이에겐 아주 중요한 일일 수도 있습니다.

♡ 지금 당장 하던 일을 멈추고, 아이의 곁에 앉아서 아이의 말을 듣기 위해 시간을 내는 것을 다른 무엇보다 중요하게 여긴다는 사실을 보여주세요.

♡ 부모가 아이의 시선에 몸과 마음을 맞추세요.

소통의 질을 높이는 3단계 대화법

2. 감정을 표현할 수 있도록 도와주기

아이의 감정을 있는 그대로 받아줌으로써 부모는 아이의 내면 깊은 곳까지 다가갈 수 있습니다. 그리고 아이는 자신이 느낀 감정을 인정받음으로써 자신의 감정을 받아들이기 위해 필요한 능력을 보다 쉽게 찾을 수 있게 됩니다.

◎ 이렇게 해보세요

- 아이가 자신의 감정이나 기분을 인정하고 나면 아이 입장에서 아이에게 공감해주세요. 그리고 아이가 부모에게 했던 말을 진심 어린 공감과 함께 "내 생각에", "내가 상상하기에", "내 느낌은" 등과 같은 말과 함께 반복해서 말해주세요. 이렇게 하면 아

이에게 부모가 아이의 기분을 잘 이해하고 있으며, 그 감정을 잘 파악하고 있다는 사실을 보여줄 수 있습니다.

- 아이가 표현한 감정을 정리해서 말해주고 아이에게 그것이 맞는지 확인해보세요.
- 아이가 지금 경험하고 있는 감정을 적절한 단어로 표현할 수 있도록 도와주세요. 자신이 이해받고 있다고 느낄 때, 아이는 부모가 요구하는 바에 대해서 기꺼이 받아들일 것입니다.

아이에게 해주면 좋은 말

- 아이의 감정 받아주기

엄마가 보기에 너는 화가 난 것 같구나.

너는 화낼 권리가 있어. 너의 감정을 충분히 표현해도 돼. 그렇더라도 엄마는 여전히 너를 사랑해.

- 아이가 느끼는 감정에 이름 붙이기

엄마가 생각하기에 너는 용기가 없어서 사과하지 못하는 것 같구나. 내 생각이 맞니?

화를 낼 때 너는 어떤 기분이 드니? 무엇이 너를 가장 짜증

나게 해?

엄마가 생각하기에 너는 앞에 나가서 이야기하는 것을 부끄러워하는 것 같아. 그렇니?

네가 두려워하는 것은 무엇이니? 여기에 너를 두렵게 만드는 무언가가 있어?

이렇게 하지 마세요

- 아이의 감정을 판단하지 마세요.

질투하는 것은 예쁘지 않아.

겁이 많은 것은 좋지 않아.

- 아이의 감정을 부정하지 마세요.

너는 두려워할 이유가 전혀 없어!

왜 그렇게 해야 할까요?

- 아이가 심리적인 균형을 찾을 수 있게 하며, 자신이 느끼는 것이 무엇인지 분명하게 파악할 수 있게 합니다.

- 아이가 자신이 원하는 바는 아니지만 이성적으로 판단한 결정을 받아들일 수 있게 도와줍니다.
- 아이의 말을 들어본 후에 그것이 더 적절하다고 여겨질 때 부모가 생각을 바꿀 수 있습니다.

효과가 바로 나타나는 솔루션

♡ 아이가 자신의 감정을 말로 표현하기까지는 최소 3세 혹은 4세부터 점진적인 학습을 통해서 가능해지니 인내심을 가지고 꾸준히 도와주세요.

♡ 자신이 느끼는 감정을 표현하게 하기 위해서 아이에게 얼굴 표정을 그림으로 그리게 하거나 감정 카드를 가지고 놀게 하세요.

소통의 질을 높이는 3단계 대화법

3. 부모의 의사를 명확하게 전달하기

부모의 차분하면서도 단호하고 명확한 태도는 아이에게 안정감을 느끼게 해주고, 부모의 사랑이 믿을만하며 견고하다는 사실을 깨닫게 합니다. 아이가 부모의 말을 잘 듣지 않더라도 차분하고 단호한 태도를 유지하면 아이도 부모의 의도를 알아차리고 수용할 것입니다.

◎ 이렇게 해보세요

- 가능하다면, 특히 아이와 갈등이 있는 경우라면 생각을 정리할 시간을 충분히 가지세요.
- 아이가 즉시 대답해달라고 고집을 부리더라도 성급하게 대답하지 마세요. 압력에 굴복하지 마세요.

• 아이가 부모의 요구를 잘 이해할 수 있도록 잘 설명해주세요. 예를 들면, "네가 잘 성장할 수 있도록", "네 건강을 위해서", "네가 차분해지도록" 등과 같이 부모의 요구에 대한 이유를 설명해주세요.
• 아이가 잘 이해할 수 있도록 부모의 생각을 단순한 문장, 쉽고 명확한 단어로 전달하세요.

아이에게 해주면 좋은 말

• 생각할 수 있는 시간 요구하기

네가 방금 엄마에게 말한 것에 대해서는 잘 알겠어. 그 문제에 대해서 생각해볼게.

엄마는 지금 당장은 너에게 대답해줄 수 없어. 이 문제에 대해서 아빠와 상의할 시간을 주겠니?

• 부모의 말에 따르도록 요구하기

현호야, 지금은 엄마 말 좀 들어줘!

엄마는 네가 왜 화가 났는지 알겠어. 하지만 학교에 가려면 우선 신발 먼저 신어야 하지 않을까?

• 단호한 태도 보여주기

아빠 엄마는 같은 생각이야. 이미 너에게 설명했던 것처럼 우리의 요구사항을 바꾸지 않을 거야.

엄마는 네가 썩 유쾌하지 않다는 것을 알아.

엄마는 이게 네 맘에 들지 않는다는 것을 알고 이해해.

엄마도 안타깝게 생각하지만 어쩔 수 없이 지금 너에게 이 일을 하라고 요구해야겠어.

이렇게 하지 마세요

• 소리 지르지 마세요.

조용히 해! 내 말 들어!

• 강요하지 마세요.

지금 해야만 해.

너는 따라오기만 하면 돼.

너 조용히 할 수 없겠니?

⊗ 형한테 사과하면 훨씬 더 좋을 텐데.

? 왜 그렇게 해야 할까요?

- 아이가 부모의 요구를 기꺼이 받아들일 수 있도록 이끌어줍니다.
- 감성적인 차원에서 이성적인 차원으로 아이가 생각을 전환할 수 있게 해줍니다.

효과가 바로 나타나는 솔루션

♡ 긍정적인 단어와 문장으로 표현하려고 노력하세요. 예를 들면, "스포츠 가방 챙기는 것 까먹지 마!"보다는 "스포츠 가방 꼭 챙겨!"라고 말하세요.

♡ 부모가 아이의 말을 경청하고 있다는 사실을 확인시켜주기 위해서 아이의 말에 "응", "그래" 하고 반응하고 다시 한번 대화를 나누세요.

♡ 한 번에 하나씩만 질문하고 동시에 너무 많은 것을 묻지 마세요.

대화의 본질은
사랑받고 있다는 느낌

엄마와 아이가 친해질 수 있는 가장 좋은 방법은 대화를 나누는 거예요. 아이도 대화상대가 될 수 있을 정도로 자랐다는 것을 인정해 주세요. 아이와 눈을 맞추고 오늘 아이가 무슨 생각을 했는지 이야기를 나눠보세요.

◎ 이렇게 해보세요

- 긍정적인 단어를 적절하게 사용하여 솔직하고 진지하게 마음이 전해지는 대화를 나누세요.
- '엄마', '아빠'라는 단어를 사용하여 친근한 어투로 말해보세요.
- 대화할 때 아이와 시선을 맞추면서 애정을 표현할 수 있는 동작

이나 신체 접촉을 하세요. 단지 말만으로는 사랑과 애정의 감정이 충분하지 않을 수 있습니다. 아이는 사랑받고 있다는 것을 늘 확인하고 또 느끼고 싶어 하니까요.

- 부모의 사랑은 무조건적이라는 사실을 아이에게 자주 일깨워주세요! 특히 아이가 큰 실수를 저질렀거나 거짓말이나 말대꾸를 하고 나서 부모가 더 이상 자신을 사랑하지 않을 거라고 생각하는 상황이라면 무조건적 사랑을 표현하는 게 더더욱 필요합니다. 무조건적 사랑은 아이의 장점과 단점이 무엇이든지 간에 아이를 사랑한다는 뜻입니다. 그렇다고 아이의 모든 행동에 대해 옳다고 하라는 의미는 아닙니다. 아이가 잘못된 행동을 했다고 해서 부모가 아이를 사랑하지 않는다고 말해서는 안 된다는 것입니다.

아이에게 해주면 좋은 말

- '엄마', '아빠'라는 단어를 사용해 말하기

엄마는 너를 사랑해!

엄마는 네가 사랑한다고 말해줘서 감동했어. 그래서 너무 행복해.

아빠는 네가 한 행동이 대단하다고 생각해!

아빠는 네가 너무나 자랑스러워.

• 부모의 감정과 욕구, 요구사항을 정확하게 표현하기

엄마는 방금 네가 했던 행동이나 말이 전혀 마음에 들지 않지만, 그래도 너를 항상 사랑할 거야.

엄마는 네가 거짓말하는 것이 싫어.

엄마는 네가 청소를 도와준 것에 대해 고맙게 생각해.

반듯이 이 닦고 잠자리에 들어야 해.

이렇게 하지 마세요

• '너', '너희들'처럼 거리감이 느껴지는 지시어를 사용하거나 화내지 마세요. 이런 단어는 종종 대화를 차단시키는 명령이나 비난처럼 들리기 때문입니다.

너, 자전거 제자리에 둘 수 없어!

자전거를 제자리에 둬주겠니!

너, 지금 몇 시인지 안 보여!

지금 시각이 몇 시인지 한번 확인해봐.

너는 엄마 말을 전혀 듣고 있지 않구나!

찬호가 엄마 말에 전혀 귀 기울이지 않는 것 같은데.

- “너는 아빠 말을 무시했어” 같은 부정적인 말을 사용하지 마세요.

> 찬호가 아빠에게 좀 더 집중해줄 순 없을까?

- 이전과 달라진 행동을 요구할 땐 명확하게 지시하세요.

> 엄마는 네가 지금 숙제를 시작해야 한다고 생각해.
>
> 엄마에게 어제 무슨 일이 있었는지 말해줘.
>
> 엄마 좀 봐봐!

- 아이가 2세 정도 되면 엄마는 아이와 분리되어야 합니다. 또한 아이 역시 완전한 인격을 가진 한 명의 사람이라는 사실을 이해시켜야 합니다.
- ‘부엉이’, ‘두꺼비’처럼 아이를 웃음거리로 만들거나 ‘나의 사랑스러운 귀염둥이’, ‘엄마가 가장 사랑하는’같이 편애의 의미가 포함된 별명을 사용하지 마세요.
- 아이와 배우자에게 ‘내 사랑’ 같은 동일한 별명이나 애칭을 사용하지 마세요. 아이만의 애칭을 만들어주면 좋습니다.
- 정서적인 성장과 언어 습득을 지연시킬 수 있는 유아어를 사용하지 마세요.

⊗ 욕실에서 퐁당퐁당할 거야!

⊗ 저 짹짹이 좀 봐!

❓ 왜 그렇게 해야 할까요?

• 아이가 잘하고 있지 못하더라도, 그리고 아이의 한계가 어디까지인지와는 전혀 상관없이 자신의 가치, 아름다움, 존엄성을 깨닫도록 합니다.

효과가 바로 나타나는 솔루션

♡ 아이와 함께 놀아주세요! 부모는 놀이를 통해 아이에게 정서적 충족감을 느끼게 해주고, 아이의 생각을 좀 더 잘 알 수 있게 됩니다.[2]

♡ 함께 축하해주세요! 학교 성적이 올랐거나, 축구 시합에서 이겼거나, 친구를 집에 초대했을 때 작은 파티를 열어주세요. 가장 좋은 축하의 기회는 생일이겠죠!

♡ 아이에게는 일상적으로 보일지 모르지만, 부모가 아이를 위해서 하는 모든 활동, 예를 들어 식사, 산책, 방과 후 함께 하는 활동 등이 아이를 사랑한다는 증거라는 사실을 이해할 수 있게 해주세요.

독이 되는 말 vs 힘이 되는 말

부모가 습관적으로 하는 부정적인 의미가 담긴 말은 아이의 행동에 안 좋은 영향을 줍니다. 부모는 아이를 자주 칭찬해주고 긍정적인 말에 인색하지 않아야 합니다. 잘한 부분을 찾아서 아이의 행동을 칭찬해주면 아이는 발전할 기회를 더 많이 찾게 될 테니까요.

◎ **이렇게 해보세요**

- 다른 아이들과 비교해 일반화시키지 마세요.
- 부정적으로 사용하던 단어를 용기를 주는 긍정적인 단어로 바꿔 말해보세요.
- 아이가 아니라 아이의 행동에 초점을 맞춰 생각하세요.

아이에게 해주면 좋은 말

- 일반화시키지 않고 말하는 방법

우리 가족들은 운동이나 문법 같은 것에 약해.

사람마다 대부분 약간씩 문제를 가지고 있어. 하지만 문제는 극복하라고 존재하는 거야!

- 부정적인 단어를 사용하지 않고 말하는 방법

너는 수학에 재능이 없구나!

너는 수학을 어려워하는구나. 하지만 용기를 내! 점점 더 나아질 테니까.

엄마는 네가 더 노력하길 바라. 그러면 조금씩 나아질 거야.

- 아이가 아니라 아이의 행동에 초점을 맞춰 말하는 방법

너는 바보야!!!

너는 충분히 생각해보지 않고 말한 것 같구나. 네가 방금 했던 말에 대해서 다시 한번 잘 생각해볼래?

아빠는 네가 조금 더 생각해봐야 할 것 같아.

- ⊗ 너는 거짓말쟁이, 도둑, 게으름뱅이일 뿐이야!
- 너는 거짓말을 했고, 도둑질을 했고, 시간을 낭비했어.
- 그건 거짓말, 도둑질, 게으른 행동이야.
- ⊗ 너는 심술쟁이로구나!
- 네가 한 행동은 옳지 않아.

⊗ 이렇게 하지 마세요

- 성급하게 반응하지 마세요!
- 부정적이거나 모욕을 주는 단어를 사용하지 마세요.
- '늘', '절대로', '단 한 번도', '전혀', '할 수 없는', '또' 같은 단어를 사용하지 마세요. 긍정적인 의미를 지닌 '자주', '때로', '어느 정도' 등과 같은 단어를 사용하는 것이 좋습니다.

- ⊗ 너는 늘 화장실 문을 열어놓는구나!
- 너는 화장실 문을 자주 열어놓는 것 같아. 조금 더 조심해 줄 수 있겠니?
- ⊗ 자, 빨리 결정해! 너는 수영하러 가고 싶니, 축구하러 가고 싶니?
- 넌 무엇을 하러 가는 것이 더 좋니? 수영 또는 축구?

- 과장된 표현을 사용하지 마세요.

⊗ 너 때문에 죽겠어.

⊗ 너는 절대로 못 할 거야.

⊗ 엄마는 피곤해서 죽을 것 같아.

⊗ 그건 너무 끔찍해!

- 모호한 칭찬은 하지 마세요. 자신의 부모를 마음대로 조종하려는 아이에게 "너는 나중에 정말이지 좋은 협상가가 될 거야!" 같은 말은 오히려 독이 될 뿐이니까요.

왜 그렇게 해야 할까요?

- 아이가 변화할 가능성을 열어줍니다.
- 아이의 의욕을 꺾는 대신 용기를 북돋워 줍니다.
- 아이에게 상처를 주는 것을 방지합니다.

효과가 바로 나타나는 솔루션

♡ 습관적으로 하는 부정적인 말 표현을 체크해두었다가 긍정적이고 용기를 북돋워 주는 방식으로 다시 말해보세요.

화를 낼 때마다
죄책감이 느껴진다면

부모가 자신의 감정을 말로 표현하는 것을 지켜보면서 아이들 역시 자신의 감정을 표현하는 법을 배웁니다. 감정에 솔직해지세요. 아이들은 부모의 모든 것을 배우고 느낍니다. 부모가 아이를 진심으로 대할 때 아이들은 더 잘 배우고 느낄 수 있으니까요.

◎ 이렇게 해보세요

- 엄마가 느끼고 있는 감정을 그대로 표현해보세요. 일 또는 이런 저런 상황 때문에 엄마는 자주 피곤하고, 스트레스받고, 정신이 없고, 불안할 수 있습니다. 그리고 엄마 역시 그러한 감정을 표현할 권리가 있습니다!

- 자신의 감정을 솔직하게 표현하는 법에 대해 설명해주세요. 요즘 우리는 어쩌면 수다를 덜 떨거나 애정표현을 덜 하고 있는 건 아닐까요?
- 자신도 모르게 내뱉었던 부적절한 표현에 대해서 엄마도 후회한다고 말하세요. 아이들은 어른들이 잘못을 반성하는 모습을 보면서 더 많은 것을 깨닫습니다. 실수하고 잘못하는 것은 정상적인 일이며, 양육 과정에서 자주 발생하는 일이니까요.

아이에게 해주면 좋은 말

- 부모가 느끼는 감정 표현하기

엄마는 지금 아주 많이 피곤해. 하지만 언제나처럼 너를 사랑한단다.

엄마는 친구 일 때문에 걱정이야. 하지만 그리 심각한 것은 아니고, 네 잘못도 아니야. 다른 건 다 괜찮아!

지금 이 순간 네가 엄마와 잠시 떨어져 있기로 한 것은 정말 좋은 생각이야.

아빠는 회사 일 때문에 신경이 곤두서 있거든. 물론 너는 그 일과 아무 상관 없어.

아빠가 너의 숙제를 봐주기에 지금은 좋은 때가 아닌 것 같구나.

아빠는 지금 신경이 곤두서 있어서 정신이 없어. 저녁 식사 후라면 아빠가 좀 더 집중할 수 있을 것 같아.

• 자신의 감정을 유머러스하게 표현하기

지금 엄마의 인내심은 완두콩만 해!

• 아이에게 사과하기

엄마는 아까 너에게 그렇게 말한 걸 후회해. 그건 적절한 표현이 아니었어. 너에게 사과할게.

⊗ 이렇게 하지 마세요

• 다음과 같이 말하지 마세요.

⊗ 이건 네 잘못이야!

⊗ 네가 엄마를 화나게 했어!

⊗ 너는 정말 피곤하게 구는구나!

⊗ 아빠는 더 이상 참을 수가 없어!

- 피곤하다고 아이에게 항복하지 마세요. 반대로 주도권을 잡으세요!

? 왜 그렇게 해야 할까요?

- 부모의 피로나 신경질, 두려움이 아이에게 부정적인 영향을 끼치기 때문입니다.
- 아이에게 죄책감을 느끼게 하거나 스트레스를 주는 것을 방지합니다.

효과가 바로 나타나는 솔루션

♡ 감정을 긍정적으로 표현하는 방법에 대해서 생각해보세요.

♡ 만일 유머러스하게 표현하는 것이 가능하다면 짧은 메모를 이용하여 메시지를 전달해보세요.[3] 예를 들어, 엉망으로 어질러져 있는 방문 앞으로 다가가면서 "엄마 풍선이 터지기 직전입니다! 빨리 정리해주세요!", "친애하는 해나 씨, 저는 이틀 전부터 산책을 하지 못했습니다. 제 생각도 좀 해주세요! 당신의 애완견 비스코트 씀"이라고 하는 것도 좋은 방법입니다.

일관성 있게 아이를 리드하는 말 습관

용기를 북돋워 준다는 것은 아이가 끈기를 기르고 유지할 수 있게 유도한다는 것입니다. 아이에게 격려가 필요한 것은 식물에 물이 필요한 것과 같으니까요.[4]

◎ 이렇게 해보세요

- 눈을 크게 뜨고 아이가 잘한 것, 성공한 것, 나아진 것을 찾아내서 칭찬해주세요. 그때마다 아이를 격려하고, 가치를 인정하고, 상을 주기 위한 기회로 삼으세요. 이러한 말들이 아이에게 더 많은 경험을 시도할 용기를 줄 것입니다.
- 숙제나 잘 그린 그림 혹은 실수투성이인 숙제라 하더라도 아

주 사소한 장점을 찾아내 그 부분에 대한 칭찬과 격려부터 해주세요.

- 노력해야 할 부분이 있다면 발전할 것을 기대하는 열린 마음으로 바라봐주세요.

아이에게 해주면 좋은 말

- 칭찬하고 가치를 인정해주는 말

이런 성적표를 보게 되다니, 엄마 아빠는 정말 행복해.

기뻐. 엄마 마음에 쏙 들어.

좋았어! 정말 잘했어! 이건 성공적이야!

대단한 점수야. 정말 열심히 했구나!

성적을 올리기 위해서 최선을 다했구나.

너의 노력에 대한 마땅한 대가를 받은 거야. 엄마가 계속 응원할게!

너는 스스로 '사자'를 썼구나. 멋져, 잘했어!

엄마는 네가 숙제를 성실하게 해서 감동받았단다. 정말 대단해!

네가 침대를 정리해야겠다는 생각을 스스로 한 모양이로구나. 아주 잘 생각했어!

• 아이의 용기를 북돋워 주는 말

거의 다 됐어! 계속해! 조금만 더!

네가 많이 좋아졌다니 엄마는 정말로 기쁘단다!

너는 최선을 다했어. 엄마는 그 점을 칭찬해주고 싶어.

이렇게 하지 마세요

• 틀에 박힌 과장된 칭찬은 하지 마세요.

네가 제일 강해!

• 사랑받기 위해 완벽한 사람이 되어야 한다고 강요하지 마세요.

네가 제일 멋진 아이야! 그래야 사람들이 널 좋아하지.

왜 그렇게 해야 할까요?

• 아이의 끈기와 인내심은 자존감을 높여주고 자신감을 향상시킬 때 자라납니다.

효과가 바로 나타나는 솔루션

♡ 아이의 노력이나 성과를 최대한 강조하는 단어를 사용해 칭찬하세요.

♡ 아이가 이미 완성한 것을 칭찬한 다음 제대로 하지 않은 것, 아직 해야 할 것 등을 지적하세요. 예를 들면, "네가 접시와 그릇을 모두 설거지했구나. 그런데 설거지통에 아직 컵이 남아 있네"라고 말하는 것이 좋습니다.

♡ 해야 할 숙제가 아직 남았지만 아이가 최선을 다한 것이라면 아이가 더 노력할 수 있도록 그 부분을 칭찬해주세요.

첫째와 둘째,
닮은 듯 다른 훈육의 기술

한 명 한 명의 아이는 세상에서 가장 특별하고 유일한 존재입니다. 자신이 누구와도 비교할 수 없는 특별하고 소중한 존재임을 일깨워주는 것은 자존감을 높이는 가장 좋은 방법이죠. 자신을 소중하게 생각할 줄 아는 아이로 크길 바라는 부모의 마음을 전달해보세요.

◎ 이렇게 해보세요

- 자녀 한 명씩 돌아가며 정기적으로 둘만의 특별한 시간을 보내세요. 예를 들면, 운동이나 문화 활동, 목공 체험, 산책, 외식, 쇼핑 등을 함께 해보세요. 이렇게 부모와 특별한 시간을 보내면 아이는 편안한 기분을 느끼면서 좀 더 긴밀한 이야기를 나누고자

할 겁니다. 이 특별한 시간이 질투라는 감정에 대한 해독제가 될 테니까요.

- 연령이나 기질에 따라 아이마다 일과나 활동에 차이를 두는 것도 좋은 방법입니다. 예를 들면, 나이에 따라 잠자는 시간을 조정해주는 것입니다. 어떤 아이는 다른 아이보다 등교 준비를 하는데 더 많은 시간이 필요하다는 사실을 인정해주세요.
- 나이와 기호에 따라 선물을 다르게 준비해주세요. 어린아이에게 그림을 선물한다거나 큰 아이에게 애착 인형을 선물하지 마세요!

아이에게 해주면 좋은 말

- 각자가 특별한 존재임을 인식시켜주는 말

세상에 존재하는 것만으로도 넌 특별하단다.

현우는 코가 크고 잘생겼고, 현아는 눈이 부드러운 갈색이라 멋있어!

이렇게 하지 마세요

- 형제자매 간의 특성을 무시한 채 똑같이 대하지 마세요.
- 어리다고 막내의 말을 무시하거나 귀를 기울이지 않는 행동을 하지 마세요.

- 맏이의 말에만 귀를 기울이거나 마음대로 행동하게 내버려 두지 마세요.
- 맏이에게 다른 아이보다 나이가 많다는 이유로 참으라고 요구하거나 무조건 양보하라고 강요하지 마세요.

왜 그렇게 해야 할까요?

- 아이들 각자의 생각을 존중해주어야 합니다. 형제자매라고 해서 성향이나 성격, 또는 애정을 느끼는 정도가 모두 같을 수는 없으니까요.

효과가 바로 나타나는 솔루션

♡ 아이와 함께할 특별한 시간을 준비해보세요. 아이에게 쏟을 에너지를 남겨두기 위해서 부모 역시 긴장을 풀거나 새로운 힘을 얻을 무언가를 찾아야 합니다. 퇴근 후 기분전환을 하거나, 배우자와 여유롭게 대화를 나누거나, 음악을 듣는 활동 등은 삶의 윤활유가 될 수 있습니다.

♡ 아이를 재우며 대화를 나눠보세요. 잠자리에 든 시간은 아이의 관심을 집중시키기에 가장 좋은 시간입니다.

♡ 아이들 각자마다 함께하는 시간을 한 주, 보름, 한 달 간격으로 계획하세요.

관계를 부드럽게 해주는 몸의 언어

아이를 칭찬해주고 싶을 때 한번 꼬옥 안아주는 것은 열 마디 말보다도 더 잘 전달됩니다. 따뜻한 체온과 손길만큼 여운이 남는 칭찬은 없으니까요. 사랑 가득한 그 경험은 아이의 가슴을 가득 채워서 높은 자존감과 마음이 충만한 아이로 자라게 도와줄 것입니다. 스킨십은 사랑을 표현하는 가장 멋진 방법이니까요.

◎ 이렇게 해보세요

- 정서적으로 상처가 있는 아이는 몹시 바라던 것조차 거부할 수 있으니 좀 더 주의를 기울여 표현하세요.
- 아이가 학교나 다른 친구들이 보는 앞에서 뽀뽀하기를 거부한다

면 아이의 뜻을 존중해주세요. 아이는 집에서만 애정표현 하는 것을 좋아하는지도 모르니까요.

- 짧게 표현하세요. 하지만 부모의 사랑표현은 수시로 계속되어야 합니다.

아이에게 해주면 좋은 말

- 애정표현을 거부하는 것 존중하기

네가 뽀뽀하기 싫다면 너의 의견을 존중해. 우리가 서로를 안아주지 않더라도 엄마가 너를 사랑하는 건 변함이 없으니까.

이렇게 하지 마세요

- 뽀뽀를 너무 많이 하지 마세요!
- 애정표현을 강요하지 말고 아이와의 적절한 거리를 유지하세요. 특히 아이가 사춘기라면 더욱 그래야 합니다.
- 아이가 그만하라고 요구하는데도 계속 간지럽히거나 뽀뽀하지 마세요. 몸으로 애정표현을 하고 싶은 마음은 충분히 이해합니다. 하지만 그런 행동이 부모의 즐거움을 위해서인가요? 아이의 행복을 위해서인가요? 만일 부모의 즐거움과 아이의 즐거움이

일치한다면 아무 상관 없습니다. 하지만 그런 경우가 아니라면 당장 멈추세요! 부모는 자신의 즐거움을 위해서 아이의 몸을 마음대로 만질 권리가 없으며, 아이 역시 자신의 몸은 자신의 것이라는 사실을 분명히 알아야 할 필요가 있습니다. 따라서 아이가 요구하는 한계를 받아들여야 합니다.[5]

왜 그렇게 해야 할까요?

- 몸의 언어는 화가 나 있거나, 힘든 일을 겪고 있거나, 혹은 내향적인 아이에게 깊은 사랑을 전할 수 있습니다.

효과가 바로 나타나는 솔루션

♡ 태어나면서부터 유아기, 사춘기를 거치는 동안 아이들은 늘 스킨십을 필요로 합니다. 애정 어린 신체 접촉은 스트레스를 줄여주고, 행복한 감정과 안정감을 느끼게 해줍니다. 아이를 꼭 안아주거나 손을 잡아주거나 마사지를 해주거나 머리카락을 쓰다듬거나 어깨나 팔에 손을 올리는 등 작은 몸짓만으로도 아이에게 애정표현을 할 수 있습니다. 이때 격려의 말을 함께 해준다면 아이에게 큰 힘이 될 것입니다.

♡ 럭비, 격투기, 유도 같은 운동을 함께 하거나 나이가 더 어린 아이인 경우 무릎에 앉혀놓고 책을 읽어줌으로써 아이에게 신체 접촉을 통해 행복한 경험을 만들어줄 수 있습니다.[6]

chapter 2

자존감과
사회성을 키우는
마음을 읽는 대화

욕구불만은 실망했을 때 느끼게 되는 감정으로 결핍, 불만, 심지어 부당하다고 느끼는 감정입니다. 욕구불만은 종종 분노나 자폐와 같은 형태로 나타나기도 합니다. '욕망하다'와 '필요하다'를 종종 혼동하여 사용하는데, 이 두 단어의 차이를 잘 구분할 필요가 있습니다.

- '욕망하다'는 유쾌하고 재미있고 흥미롭지만 반드시 필요한 것은 아닌 무언가를 가지고 싶어 한다는 뜻입니다. 욕망은 채워질 수 없습니다. 반대로 필요는 가능한 한도 내에서 채워져야 합니다. 예를 들면 "나는 장난감을 갖고 싶어", "나는 수영장에 가고 싶어" 같은 욕망과 "나는 학교에 가지고 갈 책가방이 필요해" 같은 필요는 구분되어야 합니다.
- '필요하다'는 두 가지 절차에 따라 이루어집니다. 무엇이 옳고 좋고 진실인지 이성을 통해서 분간하고, 그런 다음 판단한 것을 실행에 옮기는 것입니다. 심지어 그것이 우리가 욕망하는 것이 아니더라도 말입니다. 필요는 강력한 욕망을 좋은 것이라고 판단하는 방향으로 조절할 수 있도록 이끄는 기준이 되기도 합니다.

- 욕망은 종종 너무 강력해서 억누를 수 없으며, 단지 보다 좋은 방향으로 조절할 수 있을 뿐입니다. 예를 들면, 축구를 하러 가고 싶은 강한 욕망을 느끼지만, 엄마 아빠가 경기장에 데려다줄 시간이 없기 때문에 집에서 노는 것을 선택할 수 있습니다. 혹은 게임을 계속하고 싶은 욕망에도 불구하고 식사 준비를 돕기를 선택할 수도 있습니다.

욱하거나 화내는 감정조절은 아이보다 부모부터

아이가 자신의 감정을 제대로 통제하지 못하면 폭력적인 성향을 보일 수도 있지만, 감정을 너무 심하게 통제하면 자기주장을 하지 못해 자신감이 떨어질 수도 있습니다. 감정을 적절히 통제하는 것 못지않게 아이가 지금 느끼고 있는 감정이 무엇인지를 스스로 알게 하는 것 또한 매우 중요합니다.

◎ 이렇게 해보세요

- 일단 냉정을 되찾게 한 후에 아이가 부모에게 하려는 말에 귀를 기울여보세요. 욱하거나 화내지 말고 끝까지 경청합니다.
- 아이가 느끼는 분노, 고통, 실망, 억울함, 혐오, 반항심 등과 같은

감정에 공감해주세요.

- 아이가 자신이 느끼는 감정에 이름을 붙일 수 있도록 도와주세요.
- 아이가 몹시 화가 나 있다고 하더라도 부모가 항상 아이를 사랑하고 있다는 사실을 일깨워주세요. 이해심을 가지고 사랑의 마음을 보여줄 때 아이는 땅바닥을 구르는 대신 자신의 분노를 말로 표현할 수 있게 됩니다.
- 아이의 흥분을 가라앉힌 후 부모의 말을 들어보라고 요구하세요. 그리고 부모가 아이에게 말하고자 하는 것을 이해하려 노력해보라고 요구하세요. 이렇게 함으로써 아이에게 한 걸음 뒤로 물러나서 지금 일어나고 있는 상황을 분석할 수 있게 해줍니다.
- 적절한 해결책에 대해 함께 생각하고 고민해주세요.
- 아이가 화를 냄으로 인해서 생긴 손해나 어려움에 대해 책임지고 사과할 것을 요구하세요.
- 만약 타협이 불가능하더라도 단호한 태도를 유지하세요.

아이에게 해주면 좋은 말

• 부모의 말에 귀 기울이게 하기

너는 엄마가 너에게 이유를 설명해주기를 원하니?

너는 정말 아빠 말을 듣기를 원하니?

• 자기감정 표현할 수 있게 하기

- 엄마는 네가 하는 말을 들을 준비가 됐어. 이제 너에게 무슨 일이 있었는지 엄마에게 설명해줘.
- 너를 화나게 한 것이 무엇인지 엄마에게 차분하게 설명해 줄 수 있겠니?

• 아이의 감정에 공감해주고, 부모의 무조건적인 사랑 일깨워주기

- 네가 이런저런 이유로 몹시 화가 났다는 것은 엄마도 이해해.
- 네가 몹시 화가 났다는 것은 엄마도 잘 알겠어.
- 네가 잘못했다는 것을 인정하는 것은 몹시 힘들 거야.
- 네가 화를 낼 때조차 엄마는 너를 항상 사랑한다는 것을 기억했으면 좋겠구나.

• 사과할 것 요구하기

- 네가 화내는 바람에 엉망이 된 분위기를 바꾸기 위해서 네가 무엇을 할 수 있을까?
- 사과하는 것이 너에게 도움이 될 거라고 생각하지 않니?

⊗ 이렇게 하지 마세요

- 절대 부모도 덩달아 화내지 마세요.

? 왜 그렇게 해야 할까요?

- 아이에게 감정을 조절하는 법을 가르칩니다.
- 살아가면서 모든 것을 다 자기 뜻대로 할 수 없다는 것을 이해시킵니다.
- 아이가 한계를 인정하도록 돕습니다.
- 부모와 자식 간의 상호 소통의 질을 높입니다.

효과가 바로 나타나는 솔루션

♡ 아이들은 가장 자격이 없어 보이는 동안에 사랑과 관심을 가장 많이 필요로 한다는 것을 기억하세요.

♡ 혹시 아이의 분노가 충족되지 않은 결핍이나 욕구 때문에 생긴 것은 아닌지 살펴봐 주세요. 주의력 결핍이나 애정 결핍 때문이라면 애착관계 형성에 좀 더 주의를 기울이세요.

♡ 만일 부모 역시 화를 냈다면 아이에게 본보기를 보여주기 위해서 "아빠가 너를 기분 나쁘게 했다면 미안해"라며 먼저 용서를 구하세요.

♡ 아이가 용서를 구한다면 바로 그 순간부터 아이를 따뜻하게 받아주세요. 이러한 태도는 아이에게 다시 시작할 수 있는 용기를 줄 것입니다.

툭하면 떼쓰고 짜증 낼 때, 3단계 법칙

아이들은 자신의 욕망을 채우지 못하면 울거나 떼를 써서라도 그것을 얻어내려고 하죠. 하지만 모든 욕망을 다 채울 수는 없고, 때론 욕구가 충족되지 않더라도 참는 법을 가르쳐야 합니다. 왜냐하면 기다릴 줄 아는 것, 불편을 견디는 것은 인간을 성숙하게 하는데 있어 반드시 필요한 덕목이니까요.

◎ 이렇게 해보세요

- 아이들이 현재 경험하고 있는 실망감, 결핍감, 난처함, 지루함, 좌절감 등 아이를 괴롭히고 있는 모든 것에 공감해주세요.
- 다음과 같은 삶의 법칙을 기억하게 하세요. "~하더라도 너는 행

복할 수 있어." 그리고 이것을 규칙적으로 반복해서 말해주세요. 아이 스스로 이 말을 할 수 있을 때까지 말입니다.

- 일단 평정을 되찾고 나면 아이에게 비록 욕구가 충족되지 않았지만, 자신이 행복할 수 있다는 사실을 스스로 확인하고 인정하게 하세요. 미소를 지으며 실망감을 받아들일 수 있게 된다면 좌절은 또 다른 행복의 비결이 될 수도 있습니다. 왜냐하면 앞으로 살아가면서 기회는 얼마든지 있으니까요.
- 만일 아이가 끊임없이 불만을 표시한다면 심리치료사의 도움을 받아볼 필요가 있습니다.

아이에게 해주면 좋은 말

- 아이가 욕망하고 있는 것에 공감해주기

네가 이 게임기를 무척이나 가지고 싶어 한다는 것은 엄마도 잘 알아. 이 게임기는 정말 멋있어. 그건 진심이야!

네가 심부름을 하고 싶어 하지 않는다는 건 알겠어.

네가 지금 자러 가고 싶지 않다는 것은 엄마도 이해해.

네가 지금 숙제를 하고 싶지 않다는 것은 엄마도 충분히 이해해.

• "~하더라도 행복할 수 있어"라는 삶의 법칙 기억하게 하기

네가 바라는 것을 가지지 못하더라도 행복할 수 있다는 사실을 네가 기억했으면 좋겠구나![7]

불평하는 것은 힘든 일이 아니야. 또 불평한다고 해서 네가 원하던 걸 가질 수 있게 되지는 않아!

그건 네가 원하는 것이지, 필요한 것이 아니야. 엄마는 네가 원하는 모든 것을 들어주려고 존재하는 사람이 아니야!

• "~하더라도 행복할 수 있어"라는 삶의 법칙 이해하고 인정하게 하기

너는 지금 이 놀이를 하면서 행복하다고 느꼈어. 그렇지 않니? 그 놀이가 재미있었지? 하지만 너도 알다시피 지금은 네가 원하는 대로 할 수 없어. 엄마는 네가 이 사실을 기억했으면 좋겠구나. 네가 원하는 모든 것을 가지지 못하더라도 너는 행복할 수 있다는 사실을 말이야! 어차피 기회는 또 올 테니까 말이야!

이렇게 하지 마세요

• 원하는 것과 필요로 하는 것을 잘 구분하게 하세요. "나는 사탕

을 갖고 싶어요"와 "나는 사탕이 필요해요"를 구분해서 말하게 하세요.

- 아이가 원한다고 모두 들어주지 마세요. 아이가 울음을 터뜨리는 상황을 감당할 수 없을까 봐 뒤로 물러나지 마세요.
- 아무 설명이나 공감 없이 아이의 욕구를 채워주는 것을 거부하지 마세요.

왜 그렇게 해야 할까요?

- 아이들이 모든 것을 소유하거나 모든 것을 경험해보지 않더라도 행복할 수 있다는 사실을 받아들이게 합니다.
- 앞으로 실망하는 일이 생기더라도 화를 내거나 절망하지 않고 그것을 보다 평온하게 받아들일 수 있게 합니다.

효과가 바로 나타나는 솔루션

♡ 아이를 데리고 장을 보러 가야 한다면, 분명히 아이는 장난감이나 과자의 유혹을 받게 될 것이라고 미리 설명하고 준비시키는 것이 좋습니다. 그리고 아이에게 꼭 기억하게 하세요. "네가 이 장난감을 갖지 못하더라도 너는 행복할 수 있어."

♡ 슈퍼마켓 안에서 카트 끌기, 장 볼 목록 가지고 다니기 등과 같이 아이의 관심을 끌 수 있는 일을 맡기세요.

호기심과 질문이 많은 아이와의 대화 기법

아이가 하는 질문에 모두 대답해주는 건 결코 쉬운 일이 아닙니다. 그럼에도 아이가 궁금한 것을 그때그때 부모에게 물어보게 하려면 아이의 질문에 자신 있게 대답할 수 있도록 노력해야 합니다.

◎ 이렇게 해보세요

- 아이가 하는 질문에 주의를 기울이세요. 몇몇 질문은 부모에게 분명한 답변을 요구하기보다는 그저 궁금증이나 의문이 생긴 것일 수도 있습니다.
- 대답하기 전에 잠시 시간을 갖도록 하세요. 아이가 질문했을 때 그 자리에서 즉각 대답할 수 없는 것이라면 건성으로 대답해주

기보다는 다음에 알려주겠다고 하세요.

• 아이의 존재론적인 질문에 대해서는 아이의 나이에 맞게 적절한 방식으로 진실되게 대답해주세요.

아이에게 해주면 좋은 말

• 호기심을 꺾지 않고 계속 질문할 수 있게 하기

네가 질문해줘서 정말 행복하구나. 아빠가 기꺼이 대답해 줄게.

엄마는 네가 더 많은 것을 알고 싶어 한다는 사실이 기뻐.

• 대답하기 전에 잠시 시간 가지기

엄마도 잘 모르겠는데, 저녁 먹고 같이 책 보면서 이야기하는 건 어떨까?

엄마도 생각해봐야 할 것 같은데. 지금 당장은 너에게 대답해줄 수가 없구나.

아빠는 네가 그걸 궁금해한다는 걸 알아. 하지만 아빠가 너한테 좀 더 잘 대답해주려면 조금 기다려줘야 할 것 같은데.

엄마가 지금 당장 대답해주지 않으면 네가 실망할 거라는 거 알아. 하지만 엄마한테 조금만 시간을 주면 안 될까!

이렇게 하지 마세요

- 아이들과 모든 걸 다 공유하려고 하지 마세요. 아이들이 어른들의 대화 중의 험담, 시사 문제, 부부 문제까지 알 필요는 없습니다.

왜 그렇게 해야 할까요?

- 알고 싶은 욕구는 개발해주어야 하는 좋은 자질이지만, 모든 질문에 즉시 답을 얻을 수는 없다는 사실 또한 아이가 받아들이게 합니다.

효과가 바로 나타나는 솔루션

♡ 아이들과 함께 모임에 참가할 경우, 예를 들어 친구들과 식사 자리에서 아이들이 들어도 되는 대화만 나누도록 주의하세요.

자주 토라지고 삐지는 성향의 아이에게 좋은 말

토라져 있는 아이는 스스로 행복해지기를 거부하고 다른 사람에게 죄책감을 느끼게 하고 싶어 합니다. 이것은 마치 "당신은 내 요구를 거부했어. 내가 토라진 것은 당신 잘못이야"라고 하며 스스로 불행해지려고 노력하는 것과도 같습니다.

◎ 이렇게 해보세요

- 아이가 피해의식으로 가득 찬 태도에서 벗어나 자신이 일시적으로 행복을 거부하고 있다는 사실을 인정할 수 있도록 인내심을 가지고 신중한 태도로 기다려주세요.
- 슬픔, 실망, 분노, 반항 같은 아이가 느끼는 감정에 공감해주세요.

- 아이가 토라진 이유를 얘기할 수 있도록 도와주세요. 단, 지나치게 강요해서는 안 됩니다. 오히려 아이의 마음이 더 굳게 닫힐 수도 있으니까요. 그렇다고 그냥 무시해도 안 됩니다.
- 아이에게 기회를 주었는데 아이가 거절하더라도 아이가 다시 한 번 기회를 잡을 수 있도록 차분한 태도를 유지하면서 기다려주세요.

아이에게 해주면 좋은 말

- 아이의 부정적인 감정 이해해주기

너는 실망했다고 엄마에게 말할 권리가 있어.

엄마도 이해해. 네가 짜증 났다는 건 지금 네 말투만으로도 알 수 있어.

- 아이가 토라진 이유에 대해 얘기할 수 있도록 돕기

엄마가 설명해주기를 원하니?

엄마가 너를 도울 수 있을까?

스파이더맨이라면 이런 일로 토라질까?

• 부모가 내린 결정으로 인해 토라진 아이 달래기

아마도 엄마의 거절을 너를 더 이상 사랑하지 않는다는 뜻으로 받아들인 것 같구나? 절대로 그렇지 않아. 엄마는 여전히 너를 사랑해.

엄마는 너를 여전히 사랑하기 때문에 네가 이렇게 토라진 모습을 보니까 너무 슬퍼.

엄마는 네가 원하는 것을 다 가지지 못한다고 해도, 아니면 네가 동의할 수 없다고 해도 다시 행복해지기로 마음먹을 때까지 기다릴게.

네가 만족하지 못한다고 해서 엄마도 토라진다면 어떻게 될까?

• 토라진 아이를 달래기 위해 함께 활동하기

만약 네가 원한다면, 우리 함께 식사하자.

이렇게 하지 마세요

- 토라졌다고 혼내거나 벌하지 마세요.
- 다른 사람들은 신경 쓰지 않고 토라진 아이만 달래지 마세요.

• 토라져 있는 것을 부정적으로 표현하지 마세요.

⊗ 네가 토라져 있지 않을 때 다시 할 거야.

💬 네가 예쁜 미소를 지을 때 다시 시작하자.

⊗ 네가 토라졌을 때 너는 정말 보기 흉해!

💬 네가 토라졌을 때조차도 엄마는 여전히 너를 사랑해.

? 왜 그렇게 해야 할까요?

• "네가 어떤 행동을 하더라도 엄마는 항상 너를 사랑한단다"와 같은 행동 지침을 유지합니다.

효과가 바로 나타나는 솔루션

♡ 유머 감각을 이용하세요!

♡ 가족 내의 다른 아이들에게 토라진 아이의 기분이 풀릴 수 있도록 기분 좋은 활동을 함께 하자고 제안하세요.

형제자매를 질투할 땐 혼내기보다 효과 있는 반응

질투는 다른 사람과 자기 자신, 두 사람 모두를 공격하는 감정입니다. 우리가 다른 사람에 비해서 덜 사랑받고, 덜 주목받고, 재능이 없다고 생각할 때 느끼는 감정이기 때문에 다른 사람은 물론 자신의 행복도 해치는 일입니다. 질투는 조롱, 거짓말, 비방, 절도 등 공격적인 행동으로 나타날 수도 있고, 자기 자신을 해치거나 위축된 행동, 자기 배제 등으로 나타날 수도 있습니다.

◎ 이렇게 해보세요

- 부모는 자녀 수만큼 사랑으로 가득 찬 심장을 가지고 있다는 사실을 분명하게 말해주세요. 각각의 아이들을 향한 각각의 심장

을 가지고 있으며, 그 안에는 모두 같은 양의 사랑이 들어 있다고 말입니다.

- 아이들은 모두 다르기 때문에 사랑을 표현하는 방식 역시 다 다를 수 있다는 사실을 아이에게 알려주세요. 예를 들면, 다 큰 아이에게 젖병을 물리거나, 아기를 극장에 데리고 가지는 않는다고 말입니다.
- 퇴행 현상을 보이는 아이인 경우 혼내지 말고 달래주어야 합니다. 부모의 사랑은 절대로 줄어들지 않으며 늘 한결같다는 것을 알려주세요!

아이에게 해주면 좋은 말

- 부모는 자식을 모두 똑같이 사랑한다는 사실 설명하기

엄마가 아기에게 했던 말이나 행동을 보고 네 동생을 더 사랑하고 너를 덜 사랑한다고 생각하고 많이 힘들었구나.

엄마는 너희들 각자를 모두 사랑한단다. 엄마는 은우를 사랑하지만 우리 현우도 사랑해. 엄마가 아기를 돌보고 있을 때도 여전히 너를 사랑하고 있는걸.

엄마 아빠는 아이들 수만큼 심장을 가지고 있단다. 심장마다 너희에 대한 사랑으로 가득 차 있지. 그리고 그 심장

들은 크기가 모두 똑같단다. 하지만 사랑을 표현하는 방식이나 순서는 같지 않아.

• 퇴행 현상 보이는 아이 안심시키기

- 엄마가 보기에 너는 마치 다시 아기가 된 것처럼 행동하는구나! 엄마가 너보다 아기를 더 사랑한다고 생각하니?
- 엄마가 지금 아기와 함께 하고 있는 것은 네가 아기였을 때 엄마가 너와 함께 했던 것들이야.
- 아빠는 지금 네 나이에 맞는 더 흥미로울 만한 다른 사랑을 보여주고 싶은데. 아빠는 너와 자전거도 타고, 너와 함께 DVD도 볼 수 있지. 네 생일에 친구들을 초대하기도 하고 말이야.
- 아빠는 언제나 너를 사랑하지만, 너에 대한 사랑표현은 나이에 따라 달라질 거야!

• 질투심으로 힘들어하는 아이 안심시키기

- 엄마가 민경이하고만 장을 보러 간 것 때문에 동생에게 화가 났구나! 하지만 장을 보는 동안에도 엄마는 너를 계속

해서 사랑하고 있었어.

• 각자에 맞춰 사랑표현도 다르다는 사실 설명하기

너는 마치 한 살짜리 동생과 너를 똑같이 대해주기를 바라는 것 같구나. 만일 엄마가 너에게 개구리가 그려진 옷을 입혀준다면 좋겠니?

엄마는 너를 사랑하기 때문에 너에게 가장 좋은 것을 선택한 거야.

이렇게 하지 마세요

• 아이들을 서로 비교하지 마세요. 아이는 비교당함으로써 어쩔 수 없이 우월감이나 열등감을 느끼게 됩니다.

네 나이에 네 언니는 이미 신발 끈도 묶었어.

네 형은 적어도 열심히 공부하잖아!

• 형제자매 사이에서 어떤 아이는 다른 아이보다 더 많은 혜택을 누리기도 합니다. 이럴 경우 각각 장점과 단점이 있다는 사실을 알려주세요!

❓ 왜 그렇게 해야 할까요?

- 질투하는 아이의 고통스러움을 줄여줍니다.
- 형제자매 사이의 갈등을 풀어줍니다.
- 질투라는 감정이 자연스럽게 사라지게 합니다.

효과가 바로 나타나는 솔루션 

♡ 종이 위에 부모의 사랑을 상징하는 커다란 심장을 그리세요. 아이와 함께 이 커다란 심장 안에 심장 모양 포스트잇을 자녀 수만큼 붙이세요. 그리고 각각의 포스트잇에 각각의 아이 이름을 쓰고 동생이나 누나가 있다고 해서 그 아이를 위한 사랑이 없어지는 것이 아니라는 사실을 보여주세요. 부모의 사랑은 쪼개지지 않습니다. 반대로 배가 되죠. 이 그림을 아이들이 늘 볼 수 있도록 아이 방이나 냉장고에 붙여놓으세요.

사소한 일에도 잘 우는 아이 그치게 하는 말

아주 사소한 일에도 울음을 터뜨린다면, 아이는 무의식적으로 불편함을 느끼고 있어서 불만을 표현하는 것일지도 모릅니다. 극도로 피로한 경우가 아니라면 말입니다.

◎ 이렇게 해보세요

- 아이가 느끼는 슬픔에 애정을 가지고 공감해주세요.
- 아이가 흘리는 눈물의 의미를 해석해보고, 때에 따라 아이의 눈물 뒤에 감춰져 있는 진짜 이유를 표현할 수 있도록 도와주세요. 그 뒤에 감추어진 커다란 슬픔이 있을 수도 있으니까요.
- 아이가 더는 불평하지 않도록 아이의 슬픔을 과장하지 않으며

함께 공감해주세요.

- 아이를 가능한 범위 내에서 위로해주세요.
- 심한 경우 심리치료사가 슬픔의 원인을 찾아내는 데 큰 도움을 줄 수도 있습니다.

아이에게 해주면 좋은 말

- 아이의 슬픔에 공감해주기

네가 울면 엄마는 슬프단다.

- 아이가 흘리는 눈물의 의미 해석하기

지금 너는 아주 사소한 이유로 울고 있어. 어쩌면 네가 슬퍼하는 더 중요한 이유가 있는 건 아니니?

엄마는 종종 네가 슬퍼하는 것처럼 느껴져. 네가 엄마한테 말하지 못한 슬픔이나 두려움, 억울한 일이 있니?

이렇게 하지 마세요

- "너 때문에 귀가 먹먹하구나!"라고 소리 지르지 마세요.
- 시간이 지나고 나면 눈물을 그칠 거라고 생각하고서 무관심하게

그냥 내버려 두지 마세요.

❓ 왜 그렇게 해야 할까요?

- 무언가 원인이 있다면 그 원인을 찾아내서 해결합니다.
- 아이가 즐거움을 되찾을 수 있게 합니다.

효과가 바로 나타나는 솔루션

♡ 아이에게 질문을 쏟아붓지 말고 아이가 자신의 감정을 솔직하게 표현할 수 있도록 시간을 주세요.

두려움이 많은 아이 안심시키기

두려움이란 감정은 우리가 자신을 보호할 수 있도록 스스로에게 경고하는 것입니다. 하지만 과거의 경험 때문에 두려움을 다스리기 힘든 경우가 있습니다. 그런 경우 폭력적인 행동으로 나타날 수도 있고, 꼼짝도 하지 못하거나 행동을 주체할 수 없는 경우도 있습니다.

◎ 이렇게 해보세요

- 아이가 공상에 사로잡히지 않고 현실을 있는 그대로 볼 수 있도록 이끌어주세요.
- 개가 사납게 짖으며 쫓아오는 경우처럼 실제로 위험이 존재하는 경우라면 두려움을 느끼고 있는 아이를 위로해주고 안심시켜주

고 보호해주어야 합니다. 그럴 때는 안심하라는 위로의 말보다 아이를 품에 꼭 안아주거나 아이의 어깨를 토닥거려주는 등 스킨십을 이용하는 것이 좋습니다.

- 이사나 전학 등 잠재적으로 힘든 상황이 예상되면 가능한 한 그 상황을 아이가 객관적으로 볼 수 있게 해주세요. 상황이 어떻게 진행될지, 아이가 그 상황을 어떻게 경험하고 느낄 수 있을지 말입니다. 이렇게 미리 예상하고 준비하면 아이는 예측 가능한 어려움에 좀 더 잘 대처할 수 있습니다.
- 상상 속 두려움 뒤에 실질적인 두려움이 감춰져 있진 않은지 살펴보세요. 예를 들어, 버림받을지도 모른다는 두려움, 길을 잃어버릴지도 모른다는 두려움, 부모와 헤어질지도 모른다는 두려움 등을 느끼고 있다면 불안장애를 의심해볼 수 있습니다.
- 만일 아이가 끔찍하게 싫어하는 상황이 있다면 심리치료사의 도움을 받는 것이 좋습니다.

아이에게 해주면 좋은 말

- 위험이 실제로 존재하는 경우 아이 안심시키기

엄마 여기 있어. 엄마가 너를 보호해줄게. 너는 안심해도 돼. 모든 게 다 아무 일 없이 지나갈 거야.

철조망 뒤에서 미친 듯이 짖고 있는 저 개가 무섭겠지만, 저 개는 절대로 너를 물 수 없어. 저 개는 너한테 아무 짓도 하지 못해. 절대로! 안심해! 괜찮아!

개가 미친 듯이 짖는 소리를 들어봐! 그리고 안전한 철조망 뒤에서 잘 봐봐! 너는 저 모습을 보면서 웃을 수도 있고, 심지어 놀릴 수도 있어!

• 공상을 지나치게 많이 하는 아이 안심시키기

너는 유령이 무섭다고 엄마에게 말하지만, 너는 한 번도 유령을 본 적이 없어. 엄마도 마찬가지고. 엄마만 믿어. 유령은 존재하지 않아! 그러니 너는 안심해도 돼!

네가 존재하지 않는 무언가가 두려운 건 네가 또 다른 무언가를 두려워한다는 것을 뜻할 수도 있지 않을까?

• 잠재적으로 힘든 상황이 예상되는 경우 아이 안심시키기

앞으로 이러이러한 일이 벌어질 거야. 어쩌면 조금 힘들어질 수도 있고, 약간 두려울 수도 있고, 그 변화가 싫을 수도 있을 거야. 하지만 너는 잘 해낼 거야! 엄마는 너를 믿어.

⊗ 이렇게 하지 마세요

- 아이의 두려움이 저절로 사라질 거라고 생각하지 마세요.
- "너는 용기가 없어! 너는 어리석어! 두려워할 건 아무것도 없어!"라고 말하지 마세요.
- 아이를 폭력적이거나 나이에 맞지 않는 영화 혹은 만화 영화를 혼자 보게 하지 마세요.
- 아이의 담력을 키워준다는 핑계로 아이에게 겁을 주며 즐거워하지 마세요.
- 무서워한다고 아이를 부모의 침대로 데리고 가서 재우지 마세요.

? 왜 그렇게 해야 할까요?

- 아이가 실제 두려움과 상상을 구분할 수 있도록 도와줍니다.
- 아이가 두려움을 극복하기 위해 맞서 싸우거나 마음을 차분하게 다스리기 위해 노력하는 등 보다 적절한 방식으로 반응할 수 있게 합니다.
- 나중에 또 다른 두려움이 닥쳤을 때 맞설 수 있게 합니다.

효과가 바로 나타나는 솔루션

♡ 조심하세요! 특히 잠드는 순간 늑대나 도둑처럼 어떤 대상에 대한 두려움을 반복적으로 느낀다면 이는 전문가와 상담을 해야 하는 불안증 신호일 수 있습니다.

폭력적인 아이,
평정심을 찾게 돕는 말과 행동

분노는 다른 사람들에게 자신의 공격성을 다소 폭력적으로 표출하는 방식입니다. 하지만 다른 사람에게 피해가 가는 행동은 제재를 가할 필요가 있습니다. 잘못된 행동을 정확하게 짚어주고 아이의 흥분을 가라앉히기 위한 부모의 꾸준한 노력이 필요합니다.

◎ 이렇게 해보세요

4~5세 이하 아이인 경우

- 가능하다면 아이가 움직일 수 없을 정도로 아주 세게 꼭 안아주세요.
- 아이가 자신의 분노를 억누를 수 있도록 도와주세요.

4~5세 이상 아이인 경우

- 아이가 분노를 표출하려는 신호를 보일 때, 아주 크고 강한 소리로 "그만!"이라고 말하세요.
- 아이를 다른 방으로 데리고 가세요. 그리고 다른 사람들한테 방해되지 않게 그곳에서 분노를 표출할 수 있게 해주세요. 고립은 처벌이 아니라 아이가 죄책감을 느끼지 않고서 다시 차분해지고 냉정을 되찾을 수 있도록 돕는 또 다른 방법입니다. 사실상 아이가 분노로 문제로 해결할 수 없다는 사실을 인정하는 습관을 만드는 것이 중요합니다.
- 아이가 화를 내는 동안에도 부모가 항상 아이를 사랑하고 있다는 사실을 느낄 수 있게 해주세요. 무조건적인 사랑은 아이가 분노를 통제하는 것을 배우는 데 있어 매우 중요합니다.

아이에게 해주면 좋은 말

- 다시 차분해질 수 있게 하기

너는 분노를 느낄 권리가 있어. 하지만 아무한테나 분노를 막 쏟아낼 권리는 없어.

엄마는 여전히 너를 사랑해. 하지만 화를 내고 싶다면, 다른 사람들한테 방해되지 않게 네 방에 들어가서 화를 내는

게 좋겠구나.

💬 이건 벌이 아니야. 하지만 네가 화가 났다고 다른 사람들을 방해해선 안 돼.

💬 너는 분노를 쏟아낼 필요가 있어. 하지만 펀칭볼이나 베개, 곰 인형한테 분노를 쏟아내는 것이 좋을 거야.

💬 엄마는 네 말을 들어주고 싶지만, 네가 이렇게 소리를 지르고 있으면 너를 도울 수가 없어.

💬 이렇게 계속해서 소리 지르면 엄마가 너를 도와서 문제를 해결할 수가 없어. 네가 다시 차분해질 때까지 기다릴게.

💬 우리 둘 다 진정한 다음에 다시 이야기하자꾸나.

⊗ 이렇게 하지 마세요

- 아이보다 더 크게 소리 지르지 마세요. 소리를 지르기보다 아이에게 부모의 차분한 모습을 보여주는 것이 훨씬 더 효과적입니다.
- 엉덩이나 손바닥을 때리거나 모욕적인 행위를 하지 마세요.

? 왜 그렇게 해야 할까요?

- 가정에서의 생활 규칙이나 사회에서의 규범을 이해시키고 지키도록 만듭니다.
- 아이를 진정시키고 문제를 차분하게 해결하는 법을 가르칩니다.

효과가 바로 나타나는 솔루션 

♡ 아이에게 움직임이 많은 신체 활동을 하게 해서 다른 사람에게 피해를 주거나 자신을 해치지 않고 에너지를 발산하거나 분노를 풀어낼 수 있게 하세요. 아이는 움직임이 큰 행동을 통해서 분노를 표출하는 것이 좋습니다.

♡ 전속력으로 자전거를 타고 달리거나, 계단을 여러 차례 오르내리거나, 베개 혹은 '분노 쿠션'을 두드리게 하세요. 이 쿠션은 오직 분노를 표현하기 위한 용도로만 사용해야 합니다. 누구도 그 위에 앉거나 그것을 사용하여 누워 있으면 안 됩니다. 이것은 두드리고 욕설을 퍼붓고 벽에 던지기 위해서 사용하는 쿠션이니까요.[8]

♡ 아이에게 분노를 쏟아내거나 소리를 지르고 싶다면 화장실이나 창고, 마당으로 나가서 소리 지르라고 하세요.

♡ 아이에게 커다란 칠판이나 종이 위에 자신이 느끼는 분노를 그림으로 그리게 하세요.

상대를 비난하는 아이와 대화하는 법

엄마가 한마디 하면 열 마디씩 불평을 늘어놓는 아이를 보면 한숨만 나올 겁니다. 부쩍 불평불만이 많아지고 자꾸 부모를 비난하는 아이에게 서로 상처가 되었던 마음을 치유할 방법은 오직 귀 기울여 들어주는 것뿐입니다.

◎ 이렇게 해보세요

- 평정심을 유지하려고 노력하세요.
- 비난이나 모욕적인 말은 단호하게 거부하세요. 그리고 그 자리를 피함으로써 즉시 관계를 차단하세요.
- 아이가 자신이 했던 비난이나 모욕적인 말에 대해서 사과했을

때 다시 대화를 시작하세요.

아이에게 해주면 좋은 말

• 모욕적인 말을 하는 아이에게 대응하기

엄마는 네 말에 동의할 수 없어. 그리고 네가 엄마에게 이런 식으로 말하는 것을 용납할 수 없어.

너를 화나게 하거나 네가 받아들일 수 없는 것에 대해서 엄마에게 다른 방식으로 말할 수는 없었는지 생각해봐.

네가 하고 싶은 말은 할 수 있어. 하지만 이런 방식으로는 아니야.

• 부모를 비난하는 아이에게 대응하기

네가 아빠를 비난하는 것은 적절하지도 정당하지도 않아.

아빠로서는 네 비난을 받아들일 수가 없구나! 네가 사과할 때까지 기다려줄 테니까, 그때 다시 이야기 나누자.

이렇게 하지 마세요

• 아이에게 혹은 아이가 보는 앞에서 거친 말을 사용하거나 거친

행동을 하지 마세요. 예를 들면, 아이가 함께 타고 있는 자동차 안에서 다른 운전자를 욕하는 것은 삼가세요.

• 아이를 비난하지 마세요.

⊗ 네가 사랑받을 만한 행동을 해야 사랑해주지!

? 왜 그렇게 해야 할까요?

• 대상이 누구든지 간에 다른 사람을 존중하는 법을 가르칩니다.

효과가 바로 나타나는 솔루션

♡ 아이들과 함께 긍정적이고 적극적인 사람과 불평과 비난만 하는 사람에 대해 이야기를 나눠보세요.

규칙을 이해시키고 습관으로 만드는 기술

가족 간에 적용되는 모든 규칙을 가족 구성원 모두에게 한 번 이상 분명하게 말하고 미리 설명해야 한다는 사실을 기억하세요. 매일 규칙을 반복해서 말하느라 지치지 않도록 말입니다.

◎ 이렇게 해보세요

- 규칙으로 인해 아이가 느낄 어려움, 지루함, 실망감을 고려해주세요.
- 부모가 요구하는 규칙의 목적에 대해서 분명하게 설명해주세요. 그리고 그것이 명령이 아니라 요구로 받아들이게 하세요. 물론 자동차 안에서 안전벨트를 해야 하거나 건널목을 건널 때 손을

드는 것과 같은 타협할 수 없는 규칙은 예외입니다.

- 아이들에게 부모의 요구를 받아들이거나 거절하는 등 규칙을 선택할 수 있게 하세요. 그렇게 함으로써 행동에 대한 책임 또한 지게 할 수 있습니다.
- 아이가 부모의 요구를 받아들인다면 그에 대해 고마움을 표현하거나 칭찬해주세요. 만일 거절한다면 평정심을 유지하면서 아이가 잘못 선택한 결과를 경험하도록 내버려 두세요.

아이에게 해주면 좋은 말

- 부모 말에 귀 기울이게 하기

게임 끝낼 준비 해. 왜냐하면 5분 뒤에 선생님 오실 거니까. 엄마는 두 번 반복해서 말하지 않을 거야.

- 아이의 지루함이나 실망감에 공감하기

엄마도 네가 숙제보다 계속해서 게임하고 싶어 하는 거 알아.

엄마도 공부하는 게 재미없다는 건 잘 알아.

• 부모의 요구를 명령이 아니라 요구로 받아들이게 하기

저녁 식사 후에 놀려면 지금 준비물 준비해놓는 것이 좋지 않을까?

더 재미있게 놀기 위해서 지금 숙제해놓는 것이 좋지 않을까?

• 올바른 결정을 내렸을 때 칭찬해주기

엄마는 네가 청소하기로 한 것에 대해서 정말 고맙게 생각해.

엄마는 네가 그렇게 결정한 것이 정말로 기뻐.

• 잘못된 선택을 했을 때 어떤 경험을 하게 될지 설명해주기

너는 엄마 요구를 받아들이기보다 계속해서 게임하는 것을 선택했어. 너는 마치 자신을 기쁘게 하는 일만 아는 어린아이처럼 행동하는 것을 선택했어.[9] 그러니 엄마는 너를 어린아이처럼 대할 수밖에 없어. 따라서 오늘 저녁에 너는 다른 가족들과 함께 DVD를 볼 수 없을 거야. 왜냐하면 어

린아이는 DVD를 볼 수 없으니까 말이야.

💬 네가 어린아이처럼 굴 때마다 엄마도 너를 어린아이처럼 대할 거야. 이건 벌이 아니라 네가 선택한 결과야. 너는 아기처럼 너만 즐거운 일을 선택했으니까.

⊗ 이렇게 하지 마세요

- 요구사항을 수십번 반복해서 말하지 마세요.
- 규칙을 지키지 않았다고 협박하지 마세요.

⊗ 엄마는 이미 너에게 경고했어. 네가 엄마 말을 듣지 않으면 간식을 주지 않겠다고 말이야.

- 명령조로 말하지 마세요.

⊗ 이거 해, 저거 해.

? 왜 그렇게 해야 할까요?

- 같은 요구사항을 세 번, 네 번 반복해서 말하지 않아도 됩니다. 두 번도 아닌 단 한 번만 말하도록 하세요!

- 부모의 지시에 따르게 합니다.
- 아이에게 선택하는 법을 가르칩니다.
- 아이에게 선택한 결과에 대해 책임지는 법을 가르칩니다.

♡ 특별한 경우에는 가족 간의 규칙을 유연하게 적용하세요.

♡ 아이가 부모의 말에 귀 기울이게 하기 위해서는 그리고 특히 아이가 좋아하는 활동에 몰두하고 있을 때는 5분 전에 예고하세요.

♡ 대가와 처벌의 차이를 이해시키세요. 대가는 아이가 선택한 행동에 따른 논리적인 결과입니다. 이에 따른 결과는 부모가 아니라 아이 스스로 감당해야만 합니다. 예를 들면, 아이가 목욕하는 대신 노는 것을 선택했다면 그 대가로 아이는 저녁 식사 후 놀지 못하고 목욕을 해야 하니까요.

♡ 처벌은 잘못과는 관계가 없는 또 다른 고통으로 느껴질 수 있습니다. 종종 처벌은 부모의 말을 듣지 않았다는 이유로 행해지는 부모의 복수로 여겨지기도 합니다. 예를 들면, 후식을 주지 않는 것 등입니다.

♡ 부모는 몇 가지 상황에서는 아이에게 반드시 처벌해야 합니다. 아이가 자신의 행동이 나쁘다는 사실을 분명하게 의식하게 하거나 혹은 나쁜 습관을 그만두게 하기 위해서 말입니다.

'말대꾸' 습관을 '자기표현'으로 바꾸기

부모가 뭐라고 한마디 하면 따박따박 말대답하고 자기 고집대로 행동하려고 하는 아이를 보면 부모에게 반항하는 것처럼 보일 수 있습니다. 하지만 아이 편에서는 자기 욕구를 표현하는 또 다른 방법일 수도 있으니 잘 살펴야 합니다.

◎ 이렇게 해보세요

- 아이를 진정시킨 다음 아이가 느끼는 지루함, 분노, 실망감, 다른 일을 하고 싶어 하는 아이의 욕구를 진심으로 인정해주세요.
- 아이가 너무 어리다면, 아이가 진정된 후에 무슨 일이 있었는지 표현할 수 있도록 도와주세요. 아이가 어릴수록 감정 조절하는

것을 힘들어할 수 있습니다. 더구나 자신이 느끼는 감정을 감추지 못하니까요.

- 아이에게 부모의 요구를 받아들이거나 거절하는 것 중에서 선택할 수 있다고 알려주세요.
- 아이가 좋은 선택을 한다면 아이를 칭찬해주고, 아이가 거절한다면 자신이 선택에 대한 결과를 경험하게 그냥 내버려 두세요.

아이에게 해주면 좋은 말

- 자신의 감정을 말로 표현하는 것 돕기

무슨 일이 있었는지 엄마에게 설명해줄 수 있겠니?

이렇게 하는 것이 네 마음에 들지 않았던 모양이구나.

엄마 생각에는 넌 이 장난감을 가지고 놀고 싶지 않은 것 같은데, 그렇지 않니?

- 아이의 감정 인정해주기

네가 아무것도 하고 싶지 않은 거 엄마도 이해해.

그 일이 너를 기분 상하게 했구나. 엄마도 이해해.

• 부모의 요구를 명령이 아니라 요구사항으로 전달하기

아빠가 너에게 왜 이런 요구를 하는지 아빠 말 좀 들어볼래.

아빠를 이해해보지 않을래?

너는 정말로 이 자전거를 타고 싶니?

너는 이 상황을 받아들일 수 있겠어?

• 좋은 선택을 한 아이 칭찬해주기

네가 불평하지 않고 아빠와 함께 가기로 해서 고마워. 그래서 아빠는 정말 기뻐.

• 아이가 선택한 결과에 따른 책임 설명하기

너는 마치 하고 싶은 대로만 행동하는 어린아이 같은 선택을 했어. 그래서 엄마는 너를 어린아이로 대할 수밖에 없어. 오늘 저녁 너는 우리와 함께 영화를 볼 수 없을 거야. 왜냐하면 어린아이는 영화를 보지 못하거든.

이건 처벌이 아니야. 네가 선택한 결과야. 너는 어린아이처럼 네가 하고 싶은 대로 하기를 선택했으니까.

• 조금 큰 아이의 경우 상황 진정시키기

좀 차분하게 말하는 게 좋지 않을까?

이렇게 하지 마세요

• "네가 선택한 일이니까 책임져!"라고 말하지 마세요.

왜 그렇게 해야 할까요?

• 부모가 요구하는 일이 아이에게는 비록 즐겁지 않거나 내키지 않는 일이라 하더라도 실행에 옮기도록 합니다.
• 아이에게 심부름하는 습관을 길러줍니다.

효과가 바로 나타나는 솔루션

♡ 아이에게 의견을 물어 문제를 해결할 수 있는 방향을 제시하게 하세요.

큰 실수를 저질렀을 때 무엇부터 해야 할까

아이가 자신이 한 행동에 대해 후회하고 반성하는 태도를 보인다면 부모는 아이가 더는 실수를 반복하지 않도록 해야 합니다. 실수는 충분히 생각하지 않고, 특히 결과를 예측할 수 있는 능력이 부족해서 벌어진 일이니까요.

◎ 이렇게 해보세요

- 아이와 함께 상황을 분석하기 전에, 만일 필요하다면 먼저 차분하게 생각할 시간을 가지세요.
- 나쁜 의도가 아니었다면 아이를 안심시키고 위로해주세요. 그리고 앞으로 같은 실수를 하지 않을 방법에 대해서 아이와 얘기해

보세요.

- 만일 화가 나서 일부러 그랬다면 아이와 대화를 나눈 후 그에 따른 벌을 내리도록 하세요.
- 아이에게 사과하게 하세요. 특히 아이가 나쁜 의도를 가지고 그랬다면 반드시 그래야만 합니다. 하지만 아이가 어리석은 행동을 했다고 해서 부모의 사랑이 줄어드는 건 아니라고 분명히 말해주세요. 사과는 마음에서 우러난 봉사 같은 진심 어린 행동으로 대신할 수도 있고, 혹은 훔친 물건에 대해 정당한 대가를 치를 수도 있습니다.

아이에게 해주면 좋은 말

- 잘못한 일 사과하게 하기

엄마는 늘 너를 사랑해. 하지만 엄마는 네가 사과했으면 좋겠어. 네 잘못에 대해 어떻게 책임질 수 있을까?

- 사소한 실수라면 즉각 잘못 지적하기

엄마는 네가 문을 살짝 닫길 바라. 네가 잘 할 수 있다는 것을 엄마에게 보여주기 위해서 문을 다시 닫아볼래?

• 부모의 무조건적인 사랑 보여주기

아빠는 네가 지금 한 것보다 더 잘할 수 있다는 것을 알아. 아빠는 언제나 너를 사랑해. 이 사랑은 절대로 고장 나지 않을 거야.

엄마는 앞으로도 쭉 너를 사랑할 거야. 비록 네가 실수를 저질렀을 때도 말이야. 하지만 엄마는 방금 네가 했던 행동은 절대로 사랑하지 않아.

아빠가 너를 나무란다고 해도 아빠는 너를 계속 사랑하고 있어. 아빠가 너를 나무라는 것은 단지 화가 나서만이 아니라 네가 했던 말이 나쁘다는 사실을 네가 알기를 원하기 때문이야.

이렇게 하지 마세요

- "너 완전히 미쳤구나", "너 바보니! 어떻게 그럴 수가 있니?"라며 소리 지르지 마세요.
- 아이를 때리지 마세요. 만일 당신 아이가 컵을 깨거나 접시를 바닥에 떨어뜨렸다고 그의 엉덩이나 손바닥을 때려야 할까요?

? 왜 그렇게 해야 할까요?

- 아이가 좋고 나쁜 것이 무엇인지 분간할 수 있도록 합니다.
- 아이가 같은 실수를 되풀이하지 않도록 합니다.

효과가 바로 나타나는 솔루션

♡ 아이의 실수가 충족되지 않은 결핍이나 욕구불만에 의한 것은 아닌지 확인해보세요.

거짓말이 습관인 아이 제대로 훈육하는 법

한 번도 거짓말하지 않고 성장하는 아이는 없을 것입니다. 아이들은 궁지에 몰린 것 같거나 체벌이 두려울 때, 위협을 느끼고 상황을 모면하고 싶을 때면 거짓말을 하곤 합니다. 하지만 아이가 어릴수록 상상과 현실을 혼동할 수 있으니 조심해야 합니다. 또한 아이가 속이겠다는 의도 없이 사실이 아닌 말을 할 수도 있습니다. 아이가 현실을 직시할 수 있게 거짓말하는 것은 나쁘다고 가르쳐주어야 합니다.

◎ 이렇게 해보세요

• 당장 또는 시간이 조금 지난 후에라도 아이와 단둘이 마주 앉아

서 아이가 사실대로 말할 수 있게 격려해주세요.

- 거짓말을 하거나 잘못을 뉘우치지 않는다고 하더라도 아이에 대한 부모의 사랑은 영원하다는 것을 알려주고, 동시에 아이가 거짓말한 것에 대한 실망감이나 불만을 표시하세요.
- 아이 연령에 따라 적절한 방법으로 아이의 거짓말로 인해 무너져버린 신뢰 관계를 회복시키기 위해 조만간 사실대로 말하는지 다시 확인할 거라고 예고하세요.
- 아이가 진실을 말한다면 용기 내 말한 것을 칭찬해주세요.
- 아이의 태도에 따라 아이가 한 어리석은 행동에 따른 처벌을 줄여주거나 면제해주는 것도 좋은 방법입니다.

아이에게 해주면 좋은 말

• 진실을 말할 수 있게 용기 북돋워 주기

냉장고에 있던 초콜릿 바를 가져간 사람이 사실대로 말하고 싶어 하지 않는다는 것은 엄마도 알아. 하지만 끝까지 털어놓지 않는다면 우리는 서로를 믿을 수 없게 될 것이고, 그렇게 되면 엄마는 무척 슬플 거야.

잘못을 저질렀지만 그 사실을 털어놓는 것은 매우 힘든 일이야. 그래서 엄마는 초콜릿 바를 가져간 사람이 저녁 먹기 전까지 조용히 찾아와서 말해줬으면 해. 함께 이야기 나누고 계속해서 서로를 믿을 수 있게 됐으면 좋겠구나.

• 거짓말을 털어놓은 용기 칭찬해주기

네가 아빠에게 사실대로 말할 용기를 냈다는 사실만으로도 매우 자랑스러워. 그건 아주 어렵지만 훌륭한 일이란다. 진실을 말하는 것은 매우 중요한 일이기 때문에 아빠는 네 어리석은 행동에 대한 벌칙을 줄여주겠어.

• 거짓말이 발각된 경우

너는 거짓말을 했어. 그것 때문에 엄마는 무척이나 가슴이 아파. 너에 대한 엄마의 믿음이 무너졌거든.

엄마는 너를 언제나 사랑한단다. 엄마가 화를 내는 순간에도 말이야. 엄마가 사랑하지 않는 것은 너의 거짓말이야.

• 거짓말을 한 아이와 관계 회복하기

아빠는 너를 믿고 싶어. 하지만 그것은 너 하기에 달렸어.

💬 신뢰를 회복하기 위해서 너는 무엇을 할 거니?

💬 엄마는 네 행동을 수시로 확인할 거고, 네가 말한 것을 잘 지킬 때마다 우리 사이는 다시 조금씩 좋아질 거야.

⊗ 이렇게 하지 마세요

- 너무 어린 아이라면 거짓말을 했다고 벌을 주지 마세요.
- 아이들에게 거짓말을 해서 현실을 왜곡시키지 마세요.
- 아이들 앞에서 거짓말하지 마세요. 가짜 핑계도 만들어내서는 안 됩니다.

? 왜 그렇게 해야 할까요?

- 부모와 자식 간의 신뢰 관계를 보호합니다.
- 아이가 늘 진실을 말할 수 있도록 돕습니다.

효과가 바로 나타나는 솔루션

♡ 아이가 수치스러운 감정을 느끼지 않도록 다른 사람들 앞에서 아이를 나무라지 마세요.

♡ 아이가 거짓말을 할 수밖에 없었던 이유가 무엇인지 확인하세요. 주의력 부족, 애정 결핍 등 다른 이유 때문일 수도 있으니 잘 살피세요.

♡ 거짓말은 세상을 감옥으로 만든다는 사실을 가르쳐주세요.

아이끼리 싸웠을 때 화해시키는 기술

◎ 이렇게 해보세요

사소하고 가벼운 다툼인 경우

- 심각한 다툼이 아니라면 아이들끼리 해결하도록 내버려 두세요.
- 다투고 난 후 무슨 일이 있었는지 아이들과 함께 이야기를 나누면 그 사건으로부터 교훈을 얻을 수 있습니다.

다툼이 심각한 경우

- 누구의 잘못인지 명확하다 하더라도 성급하게 한쪽 편을 들지 말고 우선 아이들을 떼어놓으세요.
- 흥분이 가라앉고 나면 각자 자기의 책임을 의식할 수 있도록 무슨 일이 있었는지 함께 이야기를 나누세요.

- 잘못이 있는 쪽에 변상을 제안하거나 사과를 요구하고 서로 화해할 수 있도록 도와주세요. 하지만 사과하는 것을 거절하는 것도 아이들의 자유라는 것을 인정해주세요.
- 만일 화해가 불가능하다면 다툰 아이들을 격리하세요.

아이에게 해주면 좋은 말

- 자신의 행동에 대해 생각하게 하기

네가 가진 힘으로 너는 어떤 일을 할 수 있을까?

만일 네가 결심만 한다면, 너는 네 힘의 주인이 되어서 네 힘에게 더 좋은 일을 하라고 명령할 수 있어!

- 화해할 수 있도록 돕기

엄마가 보기에 너희들은 서로 생각이 다른 것 같구나. 너희들이 서로를 이해하기 위해서 엄마가 어떻게 도와줬으면 좋겠니?

엄마는 너희들이 직접 해결책을 찾아야 한다고 생각해. 그럴 생각이 없다면 각자 방에 들어가 있으렴.

⊗ 이렇게 하지 마세요

- 형제자매 간에 다툼이 있었을 때 지나치게 빨리 또는 깊이 개입하지 마세요.
- 부모가 가족의 평화를 지키는 경찰관이나 재판관이 되려고 하지 마세요.
- 막내가 목청을 높여 울음을 터뜨린다 해도 원하는 것을 모두 들어주지 마세요. 이런 태도는 다른 형제자매에게는 공정하지 않아 보입니다.

? 왜 그렇게 해야 할까요?

- 아이들에게 함께 어울리며 사는 법을 가르칩니다.
- 아이들에게 서로 존중하고 양보하는 법을 가르칩니다.

효과가 바로 나타나는 솔루션

♡ 아이들에게 협동심을 기를 수 있는 축구 경기, 가족 신문 만들기 등 여럿이 함께 할 수 있는 가족 활동을 제안해보세요.

지기 싫어하는 아이,
미움받지 않게 키우기

유독 지는 것을 못 견뎌 하는 아이가 있습니다. 지는 것이 싫어 혼자 놀고, 게임에서 질 것 같으면 화를 내며 그만두고, 이기기 위해 속임수를 쓰거나 거짓말을 하는 등 지는 것을 못 받아들이고 심지어 두려워하는 아이에게 이기고 지는 것에 상관없이 중요한 것은 재미있게 노는 것이라는 걸 가르쳐줄 순 없을까요?

◎ 이렇게 해보세요

- 자주 게임을 해 이기고 지는 다양한 상황을 접할 수 있게 해주세요.
- 아이가 이기고 부모가 졌을 때 부모가 진 상황에서 어떻게 대처

하는지 보여주세요.

- 진 것을 인정하지 못한 아이를 위로해주면서 사랑으로 감싸주세요.

아이에게 해주면 좋은 말

- 힘들어하는 아이 위로해주기

너의 실망스러운 기분 엄마도 이해해. 져서 힘들 수도 있어.

네가 게임에서 졌다 하더라도 너는 여전히 사랑받을 자격이 있어!

우리는 이기기 위해서가 아니라, 함께 즐거운 시간을 보내기 위해서 게임을 한 거야.

네가 이기건 지건, 엄마는 항상 너를 사랑한단다!

네가 졌다 하더라도, 너는 무언가를 배웠을 거야.[10]

이렇게 하지 마세요

- 아이가 짜증 내는 것이 두려워서 일부러 져주지 마세요.
- 아이를 패배를 인정하지 않는 사람 취급하면서 놀리지 마세요.

❓ 왜 그렇게 해야 할까요?

- 아이가 다른 사람들과 재미있게 게임을 즐기고 규칙을 받아들일 수 있게 합니다.
- 모든 것을 자기 마음대로 할 수 없다는 것을 인정하게 합니다.
- 실패가 발전하는 데 도움이 될 수 있다는 사실을 이해시킵니다.

효과가 바로 나타나는 솔루션

♡ 잘하고 이겼을 때가 아니라 무언가를 열심히 했을 때 칭찬하고 격려해줍니다.

♡ 규칙을 지키는 것의 중요성을 알려주고, 정해진 규칙을 지키고 열심히 하는 모습을 칭찬해주세요.

따뜻하지만 단호하게 통제력을 잃지 않기

아이가 말을 안 들을 때면 부모는 인내심에 한계를 느끼게 됩니다. 그리고 어느새 아이에게 잔소리하며 화를 내는 자신을 발견하게 되죠. 하지만 부모의 자기통제력과 양육방식이 아이의 성장에 큰 영향을 끼친다는 걸 늘 염두에 두어야 합니다.

◎ 이렇게 해보세요

- 아이에게 부모의 현재 상태를 얘기하고 지금 당장 문제를 해결해줄 수 없다고 하면서 아이가 지켜야 할 한계를 넘어섰다는 사실을 알려주세요.
- 냉정을 되찾고 나면 아이에게 부모 말에 귀를 기울일 것을 요구

하세요.

- 단호한 태도를 유지하면서 한계를 지키는 것의 중요성을 일깨워 주세요.

아이에게 해주면 좋은 말

- 아이에게 부모의 감정 표현하기

네가 했던 행동 때문에 엄마는 인내심을 잃어가고 있어.

방금 그 행동은 아빠를 몹시 화나게 했어. 아빠가 참는 것에도 한계가 있어.

잠깐, 엄마는 냉정을 되찾을 필요가 있어. 너 역시 마찬가지고. 잠시 후에 다시 이야기하자.

지금은 아빠가 아무것도 할 수가 없으니 잠시 뒤에 다시 이야기 나누자.

- 냉정을 되찾은 뒤 아이의 말에 귀 기울이기

네가 그렇게 말한 이유가 무엇인지 함께 알아보자. 그리고 앞으로 그렇게 하지 않도록 하기 위해서 어떻게 해야 할지 생각해보자.

⊗ 이렇게 하지 마세요

- "이건 말도 안 돼! 어떻게 그럴 수가 있니?"라고 소리 지르지 마세요.
- 성급하게 반응하지 마세요.

? 왜 그렇게 해야 할까요?

- 아이의 행동에 성급하게 반응해서 아이에게 상처를 주는 말과 행동을 하지 않습니다.
- 부모의 책임임을 깨닫습니다. 인내심을 잃은 것은 부모 자신입니다!

효과가 바로 나타나는 솔루션

♡ 화장실에 가고 싶지 않더라도 잠시 화장실에서 혼자만의 시간을 가지도록 하세요.

인성교육
반복과 습관으로 완성하기

예절은 의사소통이라는 톱니바퀴에 윤활유 역할을 하고 상대에 대한 존경심을 표현할 수 있게 해줍니다. 또한 타인을 존중하는 태도는 마음에서 우러나와야 하며 예절 교육에 있어 기본 바탕이 됩니다.

◎ 이렇게 해보세요

- 아이에게 올바른 인사법을 가르쳐주고 시시때때로 일깨워주세요. 올바른 인사는 타인에 대한 열린 마음을 그대로 드러내는 진실된 태도로, 단지 사회적인 규범 그 이상의 의미를 지닙니다.
- 아이들에게 예의 바른 태도를 가르쳐주세요. 예의 바른 태도는 살아가는 데 있어 반드시 필요한 규칙입니다.

- 버스에서 나이 많은 어르신을 위해서 자리를 양보하거나, 우리 집에 온 손님에게 정중하게 인사하거나, 누군가가 지나갈 수 있도록 몸을 비켜주거나, 어른들이 말을 끝낼 때까지 중간에 끼어들지 않고 기다리거나, 가족이나 친구들이 준 선물에 대해서 감사 인사를 하는 것에 익숙해지게 하세요.
- 작은 봉사, 예를 들면 할머니가 무거운 가방을 옮기는 것을 도와주는 행동 등을 솔선수범하도록 격려하세요.

아이에게 해주면 좋은 말

- 예절의 의미와 가치 설명하기

'안녕하세요'라고 말하는 것은 관계 맺기의 시작이란다. 우리는 하루를 시작하거나 다른 누군가를 만났을 때 인사를 하잖니. 그것은 그 사람의 이름을 부르면서 그와 나와의 관계를 기억해내는 거야. 그 사람을 바라보고 미소를 지으며 "안녕하세요"라고 말하면 더 좋지!

'감사합니다'라고 우리의 마음을 표현하는 것은 우리가 받은 것, 때로 당연히 받을 만한 것이라고 하더라도 그에 대한 고마운 마음을 표현하는 거야. 이것은 우리에게 부족한 것을 채워준 것에 대한 고마움을 표현하는 방법이기도 해.

우리의 능력은 절대적이지 않아. 그래서 우리 모두는 서로가 서로를 필요로 한단다.

- '부탁합니다'는 상대방에게 무언가를 요구할 때 쓰는 표현이지, 주장할 때 쓰는 표현이 아니란다. 상대방에게 우리의 요구를 들어줄지 말지에 대한 선택권을 주는 거야. 그와 동시에 우리 스스로 자신의 욕구를 채울 수 없다는 사실을 인정하는 표현이기도 해.
- '죄송합니다'는 우리의 실수, 부적절한 행동, 망각 등을 인정하는 말이야. 그리고 우리가 일으킨 손해에 대해서 가능하다면 그것을 보상하겠다는 의미기도 하단다.
- '또 만나요'는 의사소통을 끝맺겠다는 뜻이란다.

이렇게 하지 마세요

- 툭 내뱉듯이 "안녕하세요"라고 말하지 마세요.
- 쓰레기통을 비우거나 공공장소를 청소하는 것처럼 아무도 하고 싶어 하지 않는 일을 하는 사람에게 감사나 존중의 마음을 표현하는 것을 잊지 마세요.

왜 그렇게 해야 할까요?

- 다른 사람을 존중하는 마음이 들게 합니다.

• 보다 적절한 방식으로 다른 사람들과 관계를 맺도록 합니다.
• 다른 사람에 대한 배려심을 키워줍니다.

효과가 바로 나타나는 솔루션

♡ 아이들이 말을 할 수 없는 아주 어린 나이일 때부터 간단한 신호로 감사 인사하는 법을 가르치세요.

♡ 아이들은 어른들을 보고 배웁니다. 인사말을 할 때 말투나 태도에 주의하세요.

♡ 아이들이 더 쉽게 이해하고 적용할 수 있도록 예절에 대한 의미를 설명해주세요.

♡ 단호함을 유지하세요. 예를 들면 "과자 도로 내려놔. 네가 먹기 전에 어른들이 먼저 드시길 기다려야 해"라고 단호하게 얘기하세요.

♡ "오, 이거 재밌는데. 오늘 엄마가 투명 인간으로 보이나 봐. 아무도 엄마에게 인사를 하지 않네, 나는 내가 보이는데 말이야!", "그래, 잘했어. 너는 엄마에게 '안녕하세요'라고 말했을 거야! 그런데 엄마가 고슴도치나 제비인 걸까? 엄마는 네가 누구에게 인사를 했는지 제대로 듣지 못했거든!" 같은 가벼운 유머로 쉽게 이해할 수 있게 해주세요.

chapter 3

혼내기 전에
아이의 불안감
이해하기

잠자리에 드는 것은 헤어지는 것입니다. 어린이집이나 학교에 가는 것도 잠시 헤어지는 것입니다. 휴가를 가는 것 역시 일상과 헤어지는 것입니다!

심리치료사들은 아이와 관련해 어려움을 호소하는 대다수의 문제는 잘못된 경험으로 인한 분리불안과 관련이 있다고 말합니다. 그 이유는 무엇일까요?

갓난아기는 엄마와 아직 완전히 분리되어 있지 않습니다. 아이는 자신이 누구인지에 대한 정체성을 서서히 형성해가면서 엄마로부터 분리되기 시작하고 차츰 거리를 두게 됩니다. 이처럼 거리를 두는 과정에서, 너무 이르거나 너무 길거나 혹은 제대로 준비되지 않은 상태에서 잘못된 헤어짐을 경험하게 되면 아이는 고통을 겪게 됩니다. 한 번의 나쁜 경험으로 인해서 모든 이별이 고통으로 인식되면, 누군가와 헤어지는 순간 아이는 매번 사랑이 끝났다고 믿고 버림받았다고 생각하거나 때로 아주 심각한 위험에 빠졌다고 느낄 수도 있습니다.

잘 헤어지는 법은 반드시 배우고 넘어가야만 하는 과정입니다. 앞으로 소개할 몇몇 예방법을 통해 부모와의 신뢰 관계를 단단하게 유지시켜주세요. 잠시 헤어짐을 경험하는 것은 더 이상 사랑의 상실이 아니라 성장의 기회가 될 것입니다. 아이가 자연스럽게 이별을 배울 수 있게 해주세요.

- 아이에게 일상에서 기준이 되는 환경을 일정하게 유지시켜주세요. 아이를 돌보는 사람, 집 등 늘 변함 없는 환경은 아이에게 안정감을 줍니다.
- 일상생활에서 한 가지 이상의 변화가 있을 예정이라면 반드시 아이에게 미리 알려주세요. 앞으로 어떤 일이 일어날지 미리 설명해주고 마음의 준비를 시켜야 합니다.
- 아이에게 곧 데리러 올 거라고 약속하며, 항상 사랑한다고 말함으로써 아이를 안심시켜주세요.
- 아이가 생후 3개월이 되기 전에는 가능한 한 떨어져 있지 마세요.
- 개월 수와 연령에 따라 부모와 분리가 가능한 시간과 기간이 다르다는 걸 이해하세요. 처음 떨어져 있는 시간은 짧아야 합니다. 그런 다음 점차 빈도와 시간을 늘려나가도록 하세요.

혼자 자려고 하지 않을 때
해주면 좋은 말

아이를 재우는 시간은 하루 중에서 가장 편안하고 소중한 시간이어야 합니다. 잠자리를 준비하는 시간은 낮에 있었던 일에 대해 대화를 나누고, 아이의 질문에 대답해주고, 아이에게 걱정거리를 털어놓을 수 있게 하는 특별한 시간이라는 사실을 기억하세요.

◎ 이렇게 해보세요

- 아이만의 잠자리 의식을 만들어주세요. 단, 모든 잠자리 의식은 아이에게 '잘 자'라고 말하기 전에 끝나야 합니다.
- 지금은 자야 하는 시간이라고 설명해준 후에 방문을 닫으세요. 왜냐하면 아이들은 누구나 잠드는 시간을 최대한 끌기 위해

서, 특히 잠잘 시간이 되면 부모를 감동시키려 노력하기 때문입니다.

- 매일 밤 아이를 재우는 순간 마음속으로 다음 문장을 단호하게 되뇌세요. "단호함은 아이에 대한 사랑의 질이야. 아이에게 인생에서 모든 게 협상 가능한 건 아니라는 사실을 가르쳐야 해."
- 잠을 잘 자고 일어난 아이를 격려하고 칭찬해주세요.

아이에게 해주면 좋은 말

- 잠자리에서 안정감 느끼게 해주기

내일 재밌게 놀려면 지금 자야만 해.

지금은 자야 할 시간이야. 잠은 네 키를 키워줄 거기 때문에 아주 중요하단다.

네가 자는 동안에도 엄마는 너를 계속 사랑할 거야.

네가 네 방에 있는 침대에 혼자 누워 있어도 너는 안전하단다. 모든 게 다 안전할 거야.

너는 안심해도 좋아. 엄마 아빠가 집에 같이 있으니까. 너 혼자 방에 있어도 괜찮아.

우리는 내일 아침에 다시 만날 거야.

• 잠을 잘 자고 난 아이 격려하고 칭찬하기

💬 잘했어! 너는 큰 형들처럼 아주 잘 잤구나! 네가 이만큼 컸기 때문에 이제 형들이 하는 재밌는 놀이도 같이 할 수 있겠는걸.

💬 엄마는 네가 정말 자랑스러워. 정말 많이 컸구나. 앞으로도 쭉 이렇게 하자!

잠깐! 확인해보세요

- 잠들고 싶어 하지 않거나, 끊임없이 잠자리에서 일어나거나, 자다가 한두 번 이상 잠을 깨는 아이는 대체로 수면으로 인한 부모와의 분리를 힘들어하는 아이입니다. 이런 경우라면 지체하지 말고 심리치료사의 도움을 받는 것이 좋습니다.
- 아기가 젖을 떼고 나서 3, 4개월부터는 밤에 한 번도 깨지 않고 잘 자야 합니다. 만일 아직 모유 수유 중이라면 이 시기가 조금 더 늦춰질 수 있습니다. 모유 수유 중이 아닌데도 아이가 자꾸 깨면 심리치료사의 도움을 받아 원인을 파악해보세요.

⊗ 이렇게 하지 마세요

- 아이가 낮잠을 자는 동안, 혹은 밤에 자고 있는 아이를 두고 몰

래 외출하지 마세요. 부모가 외출하는 모습을 아이가 눈으로 확인해야만 합니다. 비록 아이가 울고 떼를 쓰더라도 말입니다.

• 아이의 수면 리듬을 고려하지 않고 깨어 있는 모습을 봐야 한다는 이유로 아이를 너무 늦게 재우거나 깨우지 마세요.

? 왜 그렇게 해야 할까요?

• 아이가 평온하게 잘 수 있고, 울음소리 나지 않는 조용한 밤을 보낼 수 있으려면 아이의 마음이 안정되어야 합니다.

• 일단 방문을 닫고 나면 아이는 중간에 잠을 깨지 않고 잘 잘 겁니다.

효과가 바로 나타나는 솔루션

♡ 아이가 큰 소리로 울거나 짜증을 낸 후에는 차분해져서 다시 잠들 수 있을 때까지 기다려주세요. 간단한 놀이를 하거나, 책을 읽어주거나, 그림을 그리는 활동을 통해 아이가 잠들기 전에 기분 전환할 수 있는 시간을 갖는 것이 좋습니다.

♡ 약속이 있거나 끝내야 할 일이 있더라도 아이를 서둘러 재우려 하지 말고, 차분히 아이가 잠들 수 있도록 충분한 시간을 가져야 합니다.

수면습관 만들기는
꾸준하게 그리고 단호하게

아이를 키우는 부모라면 한 번쯤은 잠을 자지 않고 우는 아이 때문에 힘들었던 적이 있을 것입니다. 울리지 않고 아이를 재우는 것은 모든 부모가 해결해야 할 최고의 미션이죠.

◎ 이렇게 해보세요

- 단호하고 결단력 있는 태도를 유지하세요.
- 아이가 분리불안 때문에 우는 것이 아니라면 방 안으로 들어가지 말고 방문 뒤에서 딱 한 번만 아래 문장을 말해주세요.

아이에게 해주면 좋은 말

• 우는 아이 안심시키기

계속 놀고 싶은 거 엄마도 이해해.

잠은 키 크는 데 아주 중요하다고 엄마가 말했지.

네가 원한다면 넌 계속 울 수도 있지만, 모든 게 아무 이상 없기 때문에 엄마는 더 이상 너를 안아주거나 너와 이야기하기 위해 네 곁으로 가지 않을 거야.

이렇게 하지 마세요

- 아이가 울면서 당신을 찾는다고 해서 아이의 방을 열 번, 스무 번 들락거리지 마세요.
- 아이가 아직 피곤해하지 않으니 아이를 더 늦게 재워도 된다고 판단하고 침대에서 나오게 하지 마세요.
- 아이가 조용해지기를 기다리면서 문 뒤에 숨어서 기다리지 마세요.

왜 그렇게 해야 할까요?

- 아이가 자신의 침대에서 혼자 조용히 잠드는 습관을 갖게 합니다.
- 만일 무언가 문제가 있었다면 곧바로 해결해주고 아이를 안심시키면 다시 재울 수 있습니다.

효과가 바로 나타나는 솔루션

♡ 죄책감을 느끼지 않고 아이가 어느 정도 울게 내버려 둘 수 있으려면 부모 먼저 마인드 컨트롤을 해야 합니다.

♡ 아이가 너무 자주 많이 운다면 그것은 어쩌면 분리불안의 징후일 수 있습니다. 이럴 때는 되도록 빨리 심리치료사의 도움을 받는 것이 좋습니다.

아이가 악몽을 꾸었을 때 안심시키는 말

악몽은 스트레스와도 관련이 있습니다. 일상생활에서 스트레스를 많이 받으면 그 빈도나 강도가 더 심하게 나타날 수 있습니다. 평소 악몽을 자주 꾸는 아이에게는 무서운 내용의 만화나 영화 등 악몽을 유발할 수 있는 내용은 되도록 보여주지 마세요.

◎ 이렇게 해보세요

- 만일 아이가 악몽을 꾸고 잠에서 깼다면, 아이가 꾸었던 꿈이 현실이 아니라는 것을 인식할 수 있도록 잠에서 완전히 깨우세요.
- 아이를 꼭 안아주면서 아이가 꿨던 꿈에 대해서 이야기하게 하고, 아이와 함께 이 악몽이 긍정적인 결말로 이어지도록 이야기

를 만들어보세요.

- 아이를 완전히 안심시킨 후에 다시 재우세요.
- 만일 아이가 반복해서 악몽을 꾼다면 심리치료사의 도움을 받으세요.

아이에게 해주면 좋은 말

- 아이 안심시키기

어머, 그건 재미있는 꿈이 아니잖아. 무섭지 않았니?

그건 악몽이야. 그런 일은 실제로 일어나지 않아. 이제 안심하고 다시 자도 돼.

그건 사실이 아니라는 걸 너도 잘 알 거야.

그런 일은 실제로 일어나지 않아. 그리고 앞으로도 일어나지 않을 거야. 그러니 안심하고 다시 자도 돼.

이렇게 하지 마세요

- 아이를 부모의 침대로 데려가지 마세요.

왜 그렇게 해야 할까요?

- 꿈이 현실이 아니라는 것을 알려줌으로써 아이를 안심시켜줍니다.

• 아이가 다시 편안하게 잠들 수 있도록 도와줍니다.

효과가 바로 나타나는 솔루션

♡ 불을 켜고 아이를 화장실에 다녀오게 하세요.

♡ 물을 한 잔 마시게 해서 꿈에서 완전히 벗어나게 해주세요.

♡ 책을 한 페이지 혹은 최대 두 페이지 정도 읽어주세요.

♡ 다음 날 아이에게 악몽을 그림으로 그리게 하세요. 그런 다음 악몽을 가두기 위한 커다란 감옥도 그리게 하세요. 마지막으로 아이에게 악몽을 잘게 잘라서 휴지통에 던져 넣게 하세요.

동생이 생길 때 어떻게 설명할까[11]

동생이 생기는 것은 엄마나 아빠만큼 아이에게도 중요한 사건입니다. 동생이 생기는 것을 미리 준비할 수 있게 아이에게도 마음의 준비를 할 시간을 주세요.

◎ 이렇게 해보세요

- 형제나 자매가 많아진다고 해서 자신이 덜 사랑받게 되지 않을 거라는 걸 확신시켜주고, 아이에게 동생이 생길 것이라는 사실을 미리 알려주세요.
- 사랑을 표현하는 방식은 나이에 따라 달라진다고 설명해주세요.
- 몇몇 아이들은 부모가 알기도 전에 엄마에게 아기가 생겼다는

사실을 감지하기도 합니다. 그리고 이것에 대해 불쾌한 반응을 보일 수도 있습니다. 갑자기 잠투정이나 짜증, 반항을 한다면 아이에 대한 사랑이 늘 한결같다는 걸 확신시켜준 후 즉시 아이에게 임신 사실을 알리세요.

아이에게 해주면 좋은 말

• 아이에게 동생이 생긴다는 사실 미리 알려주기

- 엄마는 오직 너에 대한 사랑으로만 가득 차 있는 심장 하나를 가지고 있어. 아기가 너에 대한 사랑으로 가득 찬 이 심장을 빼앗지 않을 거야. 왜냐하면 엄마는 아기를 위한 심장을 또 하나 가지고 있거든.
- 사랑은 나눠 먹는 케이크 같은 것이 아니야. 엄마랑 아빠는 너에 대한 사랑으로 가득 채운 온전한 케이크를 하나씩 가지고 있거든.
- 아이가 몇 명이든지 간에 각각의 아이들을 향한 사랑의 크기는 똑같단다.

• 나이에 따라 달라지는 애정표현 이해시키기

💬 엄마가 아기를 어떻게 돌봐주는지 잘 봐. 너는 기억나지 않겠지만 너 역시 아기 때 이런 보살핌을 받았단다.

💬 너는 이제 많이 컸기 때문에 또 다른 애정표현을 받을 수 있어. 우리는 함께 장난감 놀이도 하고, 자전거도 타고, 공원에도 갈 수 있어. 우리는 함께 이야기하고 서로 책을 읽어주기도 하지.

💬 엄마는 이제 형들과 함께 하는 놀이로 너에 대한 사랑을 보여줄 거야.

💬 엄마는 너하고 하는 놀이를 아기와는 하지 않아. 엄마가 아기와 하는 것은 네가 아기일 때 너랑 했던 것들이야.

⊗ 이렇게 하지 마세요

• 아이가 부정적인 반응을 보일까 봐 아이에게 동생이 생긴다는 소식을 알리는 것을 미루지 마세요.

? 왜 그렇게 해야 할까요?

• 아이에게 동생이 생기는 것이 좋은 일이라고 받아들일 수 있게 합니다.

- 혹시 모르는 동생에 대한 질투를 예방합니다.
- 동생 때문에 덜 사랑받게 될지도 모른다는 두려움을 사라지게 합니다.
- 아이에게 막내라는 자리의 장점을 동생에게 넘겨주는 것을 알게 해줍니다.

효과가 바로 나타나는 솔루션

♡ 동생이 생긴 것이 특별한 일로 경험될 수 있도록 형이나 언니가 된 걸 축하하는 의미로 작은 선물을 주세요.

엄마와 잠시 떨어져 있어야 할 때 안심시키기

처음으로 엄마와 떨어지는 것은 아이에게는 매우 두렵고 힘든 일입니다. 따라서 잠시 떨어져 있는 것이라 하더라도 아이를 안심시켜준 뒤 나가야 엄마와 아이 간에 안정적인 애착관계가 형성되고 성인이 되어서도 바람직한 인간관계를 맺을 수 있습니다.

◎ 이렇게 해보세요

- 아이에게 엄마와 곧, 혹은 조금 더 있다가 다시 만나게 될 거라고 설명해주면서 잠시 떨어져 있더라도 엄마는 계속해서 아이를 사랑한다고 얘기해주세요.
- 가능하다면 아빠나 다른 사람에게 아이와 함께 있으면서 아이에

게 자주 말을 걸어주고 안아주고 안심시켜달라고 부탁하세요. 그리고 엄마와 곧 다시 만나게 될 것이라고 얘기하라고 하세요.

아이에게 해주면 좋은 말

• 엄마가 안심시켜주기

머칠간 이모 집에 있게 될 것이고 엄마가 없는 동안 이모가 너를 돌봐줄 거야. 엄마가 매일 전화할게.

일이 다 끝나고 나면 너를 다시 데리러 올 거야. 엄마와 곧 다시 만나게 될 거니까 안심해도 돼.

네가 거기 가 있는 동안에도 엄마는 계속해서 너를 사랑할 거야.

• 아빠나 다른 사람이 안심시켜주기

네 엄마는 너를 사랑한단다. 곧 너를 보러 올 거야.

이렇게 하지 마세요

- 아이가 아무것도 모른다고 생각하지 마세요.
- 아무런 위로의 말 없이 아이를 두고 나가버리지 마세요. 아이는

모든 것을 느끼고 있답니다.

❓ 왜 그렇게 해야 할까요?

- 솔직한 상황 설명이 아이의 정서 발달에 매우 중요한 엄마와 자녀 사이의 애착관계를 유지시켜줍니다.

효과가 바로 나타나는 솔루션

♡ 가능하다면 밤에도 아기를 엄마 곁에 있게 하세요. 산부인과 병원이나 조리원에서도 마찬가지입니다. 만약 그렇게 할 수 없다면 아기에게 일시적으로 헤어져 있어야 한다고 설명해주고, 아기 침대에 엄마 냄새가 배어 있는 옷이나 스카프를 놓아두어서 아기가 안심할 수 있도록 해주세요.

♡ 만약 아기가 인큐베이터 안에 있어야 하는 경우에도 위와 같은 방법을 사용하세요.

어린이집에 보내기 전에 준비시키는 법

새로운 환경에 적응하는 일은 어른에게도 엄청난 스트레스입니다. 하물며 아이는 새로운 환경에 적응하는 데 더 많은 시간이 걸리고 더 많은 스트레스를 받죠. 그러니 엄마와 떨어져 있는 시간을 조금씩 늘리며 아이가 어린이집에 잘 적응할 수 있도록 참고 기다려주세요.

◎ 이렇게 해보세요

- 아이에게 앞으로 어떤 일이 벌어질지 아주 구체적으로 설명해 주면서 아이가 미리 마음의 준비를 할 수 있게 해주세요. 아이를 놀라게 할 수 있는 것, 힘들게 할 수 있는 것, 새로 만날 친구

와 놀이에 대해 유쾌한 마음으로 받아들일 수 있도록 준비시키세요.

- 처음 며칠 동안은 어린이집이나 보모 집에서 엄마나 아빠가 함께 시간을 보내면서 아이가 서서히 적응할 수 있게 도와주세요.
- 아이가 새로운 사람이나 장소에 익숙해지기 시작하면 엄마나 아빠와 헤어져 있는 시간을 조금씩 늘리세요.
- 어린이집이나 보모 집을 나서기 전에 가능한 한 침착하게 행동하고, 아이를 찾는 시간을 지키려고 노력하세요.
- 아이를 맡기고 떠나기 전에 아이에게 누가 아이를 데리러 올 것인지 꼭 말해주세요.
- 아이가 어린이집이나 보모 집에서 돌아온 후에도 계속 놀이에 집중할 수 있도록 도와주세요.

아이에게 해주면 좋은 말

- 아이가 앞으로 경험하게 될 상황 구체적으로 말해주기

다음주부터 어린이집에 가게 될 거야. 그곳에서는 네가 아직 만난 적 없는 선생님이 돌봐주실 거야. 그곳엔 함께 놀 친구들도 있단다.

어린이집에서 선생님과 있는 동안 엄마가 없더라도 걱정

하지 마. 저녁에 만날 거니까. 엄마는 너를 계속 사랑하고 네 생각을 하고 있을 거란다.

너는 어린이집에서 밥을 먹고, 잠을 자고, 놀이도 하고, 공부도 할 수 있어.

• 아이를 다시 데리러 올 것이라고 말해주기

마음 놓고 있어. 엄마가 곧 데리러 올게.

저녁에 엄마가 데리러 올게. 함께 맛있는 것도 먹고 공원에도 놀러 가자!

이렇게 하지 마세요

• 아침마다 아이를 떼어놓고 도망치듯 달아나지 마세요.

왜 그렇게 해야 할까요?

• 엄마와 잠시 떨어져 있는 것을 포함해 새로운 환경에 차분하게 적응할 수 있도록 합니다.
• 새로운 환경에 쉽게 적응할 수 있게 해 아이의 행복한 감정을 유지시켜줍니다.

효과가 바로 나타나는 솔루션

♡ 차분하게 준비할 수 있는 시간을 벌기 위해서 15분만 더 일찍 준비하세요.

♡ 아이에게 엄마 냄새가 잔뜩 배어 있는 작은 스카프를 하나 주세요.

등교 거부하며 우는 아이와 신뢰를 쌓는 법

아이들은 어린이집에 적응하기도 전에 엄마와 떨어지지 않으려 떼를 씁니다. 하지만 엄마와의 신뢰 관계가 잘 형성되면 아이는 새로운 사람과도 잘 어울릴 수 있습니다.

◎ 이렇게 해보세요

- 어린이집에 잘 적응하고 있다면 아이가 울더라도 단호한 태도를 유지하세요. 엄마가 보이지 않으면 아이는 곧 울음을 그칠 것입니다. 엄마가 불안해하면 안 됩니다.
- 아이가 집에 돌아왔을 때, 아이가 엄마와 헤어진 후 금방 울음을 그쳤는지, 잘 잤는지, 잘 먹었는지, 잘 놀았는지 물어보세요. 질문

을 통해서 다른 문제는 없는지 상담이 필요한지 확인해보세요.

- 만일 어린이집에 꽤 오래 다녔는데도 어느 날 문득 어린이집 선생님과 함께 있는 것을 거부한다면 원인을 찾아보세요. 선생님과의 관계에서 무슨 일이 있는 것은 아닐까? 특별한 사건이 있었던 걸까? 지난 주말에 부모와 함께 시간을 보내지 못했기 때문일까? 아니면 그밖에 다른 이유가 있는 것일까? 하지만 이것이 늘 분리불안의 신호는 아닙니다.
- 만일 원인을 찾았다면 아이와 그 원인에 대해 이야기를 나눠보세요.

아이에게 해주면 좋은 말

- 단호한 태도를 유지하면서 아이 안심시키기

엄마도 너의 마음을 이해해. 하지만 다른 방법이 없어. 어린이집에 있는 동안 선생님과 친구들과 함께 지내야만 해. 선생님이 너를 잘 보살펴주실 거야.

엄마가 함께 있지 않더라도 엄마는 늘 너를 사랑해.

엄마가 곧 데리러 올 거니까, 그때 함께 집으로 가자.

너도 알겠지만 좋은 일들이 많이 일어날 거야. 너는 다른 아이들과 재미난 장난감을 가지고 놀 수 있어.

⊗ 이렇게 하지 마세요

- 아이에게 어린이집에 잘 적응하지 못한다고 화를 내며 강제로 떼어놓지 마세요.
- 엄마가 더 불안해하며 아이와 떨어지는 것을 망설이지 마세요.

? 왜 그렇게 해야 할까요?

- 아이가 엄마가 아닌 다른 사람이 자신을 돌봐줄 수 있다는 사실을 편안하게 받아들이도록 합니다.
- 아이가 보모와 함께 있고 싶어 하지 않는 이유를 찾고 그에 대한 대책을 마련할 수 있습니다.

효과가 바로 나타나는 솔루션

♡ 친척이나 이웃 등 다른 사람과 만날 기회를 자주 갖습니다.

할머니나 친척집에 장기간 육아를 부탁해야 한다면

방학 때 시골에 계신 할머니 댁에 놀러 가서 쌓은 추억은 어른이 되어 큰 자산이 될 수 있습니다. 부모와 떨어져 다른 환경 다른 공간에서 할머니 할아버지의 사랑을 듬뿍 받을 기회를 갖는 것도 아이에게는 큰 경험이 될 것입니다.

◎ 이렇게 해보세요

- 아이 연령에 따라 기간을 서서히 늘려가며 적응시키세요. 아이가 잘 적응한다면 머무는 기간을 조금씩 늘려도 좋습니다.
- 아이가 할머니 할아버지를 잘 따르고 익숙해지려면 부모와 함께 할머니 댁을 자주 방문하는 것이 좋습니다.

- 아이가 너무 어리다면 아이를 할머니 할아버지에게 맡기고 떠나기 전에 부모가 며칠간 함께 머물며 시간을 보내세요.
- 아이를 할머니 할아버지 댁에 보내기 전에 아이에게 앞으로의 일정에 대해 미리 얘기해주세요. 앞으로 어디에 가 있을지, 무엇을 하게 될지, 누구를 만나게 될지 등에 대해 설명해주면서 말입니다.
- 만일 아이에게 전화를 하게 된다면 가능한 오후 4시 이전에 하세요. 물론 매일 할 필요는 없습니다. 부모와 떨어져 지내는 아이들에게 하루를 마무리하는 시간은 집 생각이 더 많이 나는 시간이라 심적으로 힘들 수 있기 때문입니다.

아이에게 해주면 좋은 말

- 아이 안심시키기

너는 할머니 댁에서 지내게 될 거야.

너는 지금까지 하지 못했던 놀이와 활동을 하게 될 거야.

너는 집에서 하지 못했던 더 크면 하게 될 이런저런 일들을 하게 될 거야.

• 전화로 아이 안심시키기

엄마 아빠는 언제나 너를 사랑해. 며칠, 혹은 몇 밤 더 자고 나면 엄마 아빠가 너를 데리러 갈 거야. 그때 되면 네가 할아버지, 할머니와 무엇을 했는지 해줄 이야기가 아주 많아지겠지.

이렇게 하지 마세요

- 아이에게 미리 얘기하지 않거나 작별 인사도 하지 않은 채 떠나지 마세요!
- 할머니에게 아무렇게나 대해도 괜찮다고 하면서 아이를 마치 짐인 양 떠맡기지 마세요.
- 아이를 너무 오랫동안 맡겨두지 마세요. 두 살 난 아이에게 15일은 영원처럼 느껴지니까요.
- 지금 곁에 없는 부모에 대해서는 가능한 언급하지 말고, 마치 존재하지 않는 것처럼 행동하세요.

왜 그렇게 해야 할까요?

- 아이를 친척집에 맡기는 것을 시작으로 부모와의 짧은 이별에 서서히 적응하게 해줍니다.

- 가까운 친인척과의 관계를 돈독히 하고, 조금씩 다른 집안 관습에 대해 알 기회를 가질 수 있습니다. 이는 아이에게 매우 소중한 추억이 될 것입니다.
- 아이에게 가족의 역사, 앞서 살았던 가족들의 이야기에 대해서 알 기회를 제공합니다.

효과가 바로 나타나는 솔루션

♡ 할머니 할아버지에게 어린 시절의 추억을 아이들에게 들려주라고 제안해 보세요. 아이들은 옛날이야기를 열광적으로 좋아할 뿐만 아니라, 이 기회에 풍요로운 가족사를 만끽할 수 있게 될 것입니다. 또한 이를 통해서 아이들은 자신의 뿌리를 확인할 수 있습니다.

♡ 아이들이 부모와 떨어져 있는 걸 슬퍼할 때 할아버지 할머니가 아이를 달래는 법을 알고 있는지 확인하세요.

♡ 아이에게 편지를 쓰거나 사진을 남겨주세요.

♡ 아이가 할머니네 집에서 보내는 시간을 체크할 수 있는 아이디어를 생각해 보세요. 예를 들면, 할머니 집에서 지내는 기간 동안 하루씩 날짜를 지울 수 있는 표나 그림을 그리게 하거나, 푸른 바다가 그려진 배경에 물고기 스티커를 하루에 하나씩 붙이게 하는 것도 좋은 방법입니다. 이 방법이 때론 전화 한 통화보다 더 나을 수 있습니다.

베이비시터에게 맡길 때 해주면 좋은 말

부부가 함께 외출해야 하는 피치 못할 상황이나 일 때문에 아이와 함께 시간을 보내지 못할 경우 부모는 베이비시터에게 아이를 맡길 수밖에 없습니다. 이런 상황에서도 아이가 새로운 환경에 잘 적응할 수 있도록 도와주어야 합니다.

◎ 이렇게 해보세요

- 아이에게 앞으로 어떤 일이 있을지 자세하게 알려주세요. 아이에게는 기분 좋은 일일 수도 있고, 기분 나쁜 일일 수도 있고, 힘든 일일 수도 있습니다.
- 베이비시터 집에 도착하는 즉시 아이를 맡기고 바로 나오지 마

세요.

- 베이비시터에게 아이와 잠깐 머물러 놀 수 있는 시간을 달라고 요구하세요.
- 아이가 당신이 나가는 모습을 보고 운다고 하더라도 아이가 깨어 있을 때 아이와 작별 인사를 하세요.

아이에게 해주면 좋은 말

- 외출하기 전에 아이 안심시키기

엄마 아빠는 오늘 외출할 거야. 엄마 아빠가 언제나 널 사랑하는 거 알지!

우리가 외출하는 동안 너는 베이비시터와 함께 있을 거야. 베이비시터가 너와 놀아주고, 재워주고, 그리고 네가 잠든 동안 네 곁에 있어 줄 거야. 그 후에 엄마 아빠가 너를 데리고 집으로 돌아올 거고, 늘 그랬던 것처럼 아빠가 너를 네 방 침대에 옮겨놓을 거야. 그러니 아무 걱정하지 말고 자고 있으면 돼.

이렇게 하지 마세요

- 잘 알지 못하거나 추천받지 않은 베이비시터에게 아이를 맡기지

마세요. 비록 인상이 좋다고 하더라도 말입니다!

❓ 왜 그렇게 해야 할까요?

- 아이가 베이비시터 집에서 머무르면서 부모와의 짧은 이별을 받아들일 수 있게 합니다.
- 부모가 아무 걱정 없이 편안하게 외출할 수 있습니다.

효과가 바로 나타나는 솔루션

♡ 가능한 베이비시터를 자주 바꾸지 않도록 하세요.

♡ 베이비시터와 함께 읽을 책이나 놀이를 아이와 함께 미리 해보세요.

어린이집과 학교를 옮길 때 기억해야 할 아이 심리

아이가 새로운 환경에 적응하는 일은 정말로 어렵고 힘든 과정입니다. 더군다나 친한 친구와 헤어지고, 새로운 선생님에게 적응해야 하고, 학교 환경도 낯설어 아이들이 받는 스트레스는 클 수밖에 없습니다. 이럴 때 부모가 아이의 마음을 잘 배려해주어야만 새로운 환경에 무리 없이 잘 적응할 수 있습니다.

◎ 이렇게 해보세요

- 아이에게 새로운 어린이집이나 학교에서 겪을 불편한 점과 좋은 점, 그리고 이제 곧 생기게 될 변화에 대해 미리 설명해주세요.
- 아이가 새로운 환경에 잘 적응할 수 있도록 용기를 주세요.

아이에게 해주면 좋은 말

• 새로운 어린이집에 잘 적응할 수 있게 준비하기

- 어린이집을 옮길 거야. 새 어린이집은 다른 지역에 있어. 지금 어린이집과는 조금 다를 거야.
- 어쩌면 지금 어린이집 친구들과 놀지 못할 수도 있어. 하지만 새 어린이집에도 좋은 친구들이 있단다. 그리고 너를 잘 돌봐줄 새로운 선생님들도 계셔.
- 그곳은 새로운 곳이지만 모든 게 다 괜찮을 거야. 그리고 엄마가 끝나는 시간에 맞춰 데리러 갈 거니까 걱정하지 마.
- 어린이집은 바뀔 수 있지만 엄마 아빠는 절대로 바뀌지 않아.

• 새로운 학교에 잘 적응할 수 있게 전학 준비하기

- 어쩌면 기분이 좋을 수도 있고 안 좋을 수도 있고 조금 힘들어질 수도 있어. 왜냐하면 새로운 선생님들을 만나게 될 테니까. 게다가 더 이상 지금 친구들과 함께 놀지도 못할 거야. 하지만 곧 새로운 친구들이 생길 거니까 너무 걱정하지 마.
- 처음에는 어쩌면 약간 당황스러울 수도 있을 거야. 왜냐하

면 너는 새로운 학교에 대해서 전혀 알지 못하니까. 하지만 곧 익숙해질 테고 곧 모든 게 다 좋아질 거야.

💬 학교나 선생님은 바뀔 수 있어. 하지만 엄마 아빠는 절대로 바뀌지 않아!

⊗ 이렇게 하지 마세요

- 아이가 겪게 될지도 모르는 어려움을 가볍게 여기거나 무시하지 마세요.

? 왜 그렇게 해야 할까요?

- 아이가 변화를 잘 받아들일 수 있도록 도와줍니다.
- 새로운 환경에 잘 적응하는 법을 배워야 합니다.

효과가 바로 나타나는 솔루션

♡ 아이에게 어린이집이나 학교와 '작별 인사'를 나누게 하고, 아이가 더는 그곳에 다니지 못하게 됐다는 사실을 이해시키세요.

♡ 아이 인생의 한 막을 즐겁게 마무리할 수 있도록 친구들과 '이별 파티'를 열어주세요.

♡ 일단 새로운 학교에 다니게 되면 가능한 한 빨리 친구들을 집에 초대해서 아이가 새로운 친구들을 사귈 수 있게 도와주세요.

이사를 준비하면서 불안해할 아이 마음 읽기

이사를 너무 자주 다니면 아이들의 심리적·정신적 건강에 부정적으로 작용할 수 있습니다. 불가피하게 이사를 해야 한다면 아이가 스트레스를 덜 받고, 새로운 환경에 잘 적응할 수 있도록 대비할 필요가 있습니다.

◎ 이렇게 해보세요

- 집은 아이들에게 가장 중요한 환경이 되는 곳이기 때문에 아이에게 앞으로 일어날 일을 미리 설명해주고 이사로 인한 변화와 이별을 잘 준비시킬 필요가 있습니다.
- 이사한 후에 있을지도 모르는 불편한 점에 대해 감추지 말고, 이

사했을 때 좋은 점에 대해서도 얘기해주세요.

- 아이와 함께 앞으로 살게 될 집을 미리 방문해보세요. 아이가 사용할 방을 보여주고 침대나 책상을 놓을 자리도 정해보세요.
- 아이에게 집 안에 있던 물건들이 아니라 단지 집이라는 공간이 바뀔 뿐이라는 사실을 시각화시켜주고 이해할 수 있도록 종이 상자를 줘 장난감이나 물건을 정리하게 하면서 이삿짐 싸는 것에 참여시키세요.
- 새집으로 간다는 사실을 실감할 수 있도록 아이에게 지금까지 살던 집과 '작별 인사'를 나누게 하세요.
- 이사하는 동안 아이를 너무 오랫동안 외부에 맡기지 마세요.
- 아이에게 익숙한 가구나 물건에 변화를 주는 것을 되도록 피하세요. 약간의 시간 차이를 두고 바꾸는 것이 좋습니다.

아이에게 해주면 좋은 말

- 아이 안심시키기

> 우리는 이사를 할 거야. 집은 바뀔 수 있지만 엄마 아빠가 바뀌는 일은 절대로 없을 거야!
>
> 새집에 가도 네 침대, 네 옷장, 네 장난감은 그대로 있을 거야. 우리는 모두 다 가져갈 거니까!

⊗ 이렇게 하지 마세요

- 아이가 아직 모르는 상태일 때 주변 사람들에게 이사에 대해서 말하지 마세요. 아직 정확하게 듣지 못한 일을 느낌으로 알게 되면 아이는 매우 불안해합니다.

? 왜 그렇게 해야 할까요?

- 변화로 인해 혼란스러워하는 아이에게 공감과 위로, 안정감을 느끼게 해줍니다.
- 아이가 변화에 대해 적응하는 법을 배울 수 있게 합니다.

효과가 바로 나타나는 솔루션

♡ 아이가 이사하기 전에 이사할 집을 방문할 수 없다면 이사할 집 사진을 찍어 아이에게 보여주세요.

♡ 가능하다면 아이 방 짐을 먼저 들여놓고 아이에게 아이의 물건을 모두 새집으로 옮겨왔다는 사실을 확인시켜주세요. 예를 들면, "너도 봤지? 네 레고는 너와 함께 모두 새집으로 왔어"라고 얘기해주세요.

♡ 이사한 후 가능한 한 빨리 새집으로 이사한 것을 축하하는 식사 자리를 가지세요.

선생님이 바뀔 때 반드시 설명해줘야 하는 것

매일 보던 어린이집 선생님이나 보모가 바뀌면 아이들은 큰 혼란에 빠집니다. 아이에게 왜 선생님과 헤어져야만 하는지 자세하게 설명해주고 이별에 미리 대처할 수 있게 해주세요.

◎ 이렇게 해보세요

아이가 선생님과 애착관계 형성이 잘 되어 있다면

- 아이에게 앞으로 일어날 일에 대해 얘기하면서 미리 이별을 준비할 시간을 주세요.
- 작별 인사를 함께 준비하면서 아이에게 선생님과 헤어지는 건 어쩔 수 없는 일이지만, 선생님과의 추억은 영원히 존재한다는

사실을 이해시키세요. 사진이나 선물 등 어린이집 선생님과의 추억을 되새길 수 있는 물건을 간직하게 하는 것도 좋습니다.

- 선생님은 언제나 너와 함께 있고 싶어 하며 여전히 너를 사랑한다고 얘기해주세요. 예를 들면, 이전 어린이집 선생님에게 전화를 걸거나 편지를 쓰는 방법 등이 있습니다.

아이가 보모와 애착관계 형성이 되지 있지 않다면

- 보모를 바꿀 예정이라고 미리 말해주고, 아이에게 보모와 작별 인사를 하게 하세요.

아이에게 해주면 좋은 말

- 선생님과 관련된 변화 말해주기

어린이집 선생님은 너를 아주 잘 돌봐주셨어. 너도 선생님을 무척 좋아했고. 선생님은 너를 많이 좋아하지만, 이제 여기 어린이집엔 다니시기 힘드시대.

우리는 이제 선생님에게 작별 인사를 해야만 해.

네가 기억해야 할 것은 보모는 바뀔 수 있지만, 엄마나 아빠는 절대로 바뀌지 않는다는 거야.

⊗ 이렇게 하지 마세요

- 어린이집 선생님과의 애착관계를 무시하거나 부정하지 마세요.

? 왜 그렇게 해야 할까요?

- 아이가 애착을 느끼는 사람에 대해서 생길 수 있는 분리불안을 방지합니다.
- 변화가 일시적이든 영원하든 아이가 헤어짐에 잘 대처할 수 있도록 도와줍니다.

효과가 바로 나타나는 솔루션

♡ 아이가 어린이집 선생님과 함께 찍은 사진을 간직하게 하세요.

♡ 보모와 때때로 연락을 주고받으세요.

아이가 아플 때 안심시키는 위로의 기술

"아이들은 아프면서 큰다"라는 말처럼 성장하면서 이런저런 질병에 노출되는 일이 생깁니다. 특별히 어린이집이나 학교에 다니게 되면 여러 아이와 함께 생활하는 시간이 많아지면서 더욱 병원을 드나드는 횟수가 잦아지게 되지요. 이때 부모가 마음 아파하며 안타까운 나머지 너무 슬픈 얼굴로 바라보면 아이는 자기가 정말 많이 아픈 줄 알고 겁을 먹게 됩니다.

아이가 아플 경우, 부모도 괴롭지만 당사자인 아이가 겪는 고통과 혼란은 엄청납니다. 따라서 부모들은 자신의 마음을 잘 다스려야 하는 것은 물론 아이에게 힘이 되어주어야 합니다. 불안해하고 힘들어하는 부모로 인식되는 순간 아이는 부모에게 도움을 요청할 수 없으니까요.

◎ 이렇게 해보세요

- 아이에게 아이의 병에 대해서 간단하고 솔직하게 말해주세요. 아이가 자신의 상태에 대해 제대로 알고 있어야만 덜 불안해합니다.
- 만일 아이가 자신의 병에 대해 질문한다면 솔직하고 진실되게 대답해주세요. 만일 죽음이 불가피한 경우라면, 아이가 새로운 삶의 문턱에 들어설 때까지 부모가 함께해줄 것이라고 말해주세요. 어린아이들은 오히려 진실을 쉽게 받아들입니다. 어른은 받아들이기 힘들어하더라도 말입니다.
- 쉽고 구체적인 단어로 말해주세요. 때에 따라 죽음 이후의 삶에 대해서 희망을 품게 될 수도 있습니다.
- 나이와 상관없이 아이가 슬픔, 분노, 반항의 감정을 자유롭게 표출할 수 있도록 도와주세요.
- 아이가 아픈 것이 벌을 받는 것이 아니라는 사실을 확실하게 말해주세요.
- 아이의 고통을 함께해주고, 아이의 분노와 슬픔을 사랑의 마음으로 공감해주세요.
- 아이가 치료를 받으며 고통스러워할 경우 최대한 아이와 함께 있어 주세요.

아이에게 해주면 좋은 말

• 고통스러워하는 아이 안심시키기

- 이건 벌을 받는 것이 아니야. 너는 아무런 잘못도 하지 않았잖아. 네가 아픈 건 네 잘못이 아니야.
- 너는 많이 고통스러울 거야. 이건 무척 힘든 일이야. 하지만 넌 곧 나을 수 있어.
- 이 힘든 과정은 다 지나갈 거야. 너는 다시 즐겁게 놀 수 있어.
- 우리는 너를 사랑해. 의사 선생님이 너를 아프게 하는 건 네가 빨리 나아서 건강해지고 행복해지게 하기 위해서야.
- 네가 아파야만 성장하는 건 절대로 아니란다. 너는 곧 좋아질 거야.

이렇게 하지 마세요

- 아픈 아이가 두려워할까 봐 아이의 질문에 거짓말로 대답하지 마세요. 우리는 희망을 간직한 채 진실을 말할 수 있으며, 진실을 말해야만 합니다.
- 아이의 상황을 심각하게 얘기해서 아이를 겁먹게 하거나 불안하게 해서는 안 됩니다.

❓ 왜 그렇게 해야 할까요?

- 아픈 아이가 잃어버린 심리적 균형, 육체적 건강을 회복할 수 있도록 돕습니다.
- 육체적 혹은 정신적으로 고통 받고 있는 아이에게 힘을 줍니다.

가족의 질병으로 불안해할 때 필요한 눈높이 설명

집에 환자가 있거나 병으로 인해 이별을 겪어야 한다면 가족들이 겪는 고통은 이루 말할 수 없습니다. 특히 아이들은 말은 하지 못하더라도 많은 두려움을 느낍니다. 무슨 일이 일어나고 있는지 설명해주지 않는다면 더욱더 그러할 것입니다.

◎ 이렇게 해보세요

- 아이가 아주 어리다고 하더라도 무슨 일이 일어나고 있는지 쉽게 설명해줘 아이를 안심시켜주세요. 병원에 입원해 있는 사람은 곧 나을 것이고, 병이 낫는 대로 집으로 다시 돌아올 것이라고 얘기해주세요.

- 만일 죽음이 불가피하다면, 아빠는 엄마가 낫기를 간절히 원하지만 엄마 병이 나을 수 있는지는 확실하지 않다고 확실하게 말해주세요.
- 엄마가 병원에 입원해 있는 가족 곁에 있어야 한다면, 엄마와 아이 사이의 애착관계를 전화, 편지, 선물 등을 통해서 유지하도록 하세요.
- 아픈 사람이 부모 중 한 명이거나 형제나 자매일 경우라면, 그 사람이 아픈 것은 절대로 아이 잘못이 아니라고 반복해서 말해줌으로써 아이가 죄책감을 느끼지 않도록 해주세요.
- 부모 중 한 명이 아이와 함께할 수 없는 경우라면, 가능한 아이를 돌봐주는 사람이 바뀌지 않게 가족의 스케줄을 조절하세요. 특히 아침에 일어나거나 잠드는 것과 같은 중요한 순간에 함께 있는 사람은 늘 같은 사람이어야 합니다.
- 아이에게 반드시 사실 그대로 알려주어야 합니다. 심지어 부모가 갑자기 아파서 한밤중에 응급실에 가더라도 말입니다.

아이에게 해주면 좋은 말

- 두려워하는 아이 위로해주기

엄마는 건강해지기 위해서 치료를 받아야 해.

💬 아빠는 기력을 회복하기 위해서 좀 쉬어야 해.

💬 지금은 조금 힘들겠지만 우리의 삶은 계속 진행될 거란다! 그리고 엄마가 집으로 돌아오게 되면 우리는 다시 재미있는 놀이를 함께 할 수 있을 거야.

• 아이가 죄책감을 느끼지 않도록 돕기

💬 이건 절대로 네 잘못이 아니야. 이건 그 누구의 잘못도 아니야. 이건 세균 잘못이야!

💬 엄마가 병에 걸린 것은 너 때문이 아니야! 엄마는 여전히 너를 사랑한단다.

✖ 이렇게 하지 마세요

• 아이에게 아무 말도 하지 않거나, 거짓말을 하거나, 가족이 아픈 사실을 감추지 마세요.

? 왜 그렇게 해야 할까요?

• 갑작스러운 변화로 인해 아이가 혼란스러워하는 것을 방지할 수 있습니다.

가족이나 친한 지인의 죽음을 설명하는 방법

가족 구성원의 죽음은 아이에게는 이해할 수 없는 매우 충격적이고 몹시 고통스러운 일입니다. 이로 인해 아이의 성장이 방해받을 수도 있습니다. 또한 죽음으로 인한 상실감이 너무도 강해서 아이는 이별에 대한 불안감으로 고통스러워할 수 있습니다. 죽음에 대한 경험은 아이에게 잠재적인 상처를 남겨서 어느 순간까지는 절대로 드러나지 않을 것입니다. 부모는 아이와 함께 제대로 받아들이지 못했던 이별을 보살피는 것을 시작으로 분노와 슬픔을 표출하고 상실감을 인정하기까지 긴 애도의 시간을 가져야 합니다.

◎ 이렇게 해보세요

- 아이의 고통에 공감해주세요. 아이의 감정을 마음대로 판단하지 말고 온 마음을 다해서 아이의 말을 들어주세요. 아이가 몇 살이든지 간에 아이가 자신의 감정을 자유롭게 표현하고, 슬픔, 분노, 반항의 감정을 말로 표현할 수 있도록 도와주세요.
- 매장 절차를 포함하여 아이들이 장례식에 함께 참석하는 것은 매우 중요합니다. 또한, 아이들에게 설명과 위로의 말을 꼭 해줘야 합니다.
- 만약 고인의 마지막 순간을 집에서 가족과 함께할 수 있다면, 아주 어린 아이라고 하더라도 이 세상을 떠나는 분과의 마지막 순간에 작별 인사를 하게 하는 것이 좋습니다.
- 갑자기 분리불안 증상이 나타나지 않는지 주의를 기울여 살피세요. 수면, 식사, 학교생활, 태도 등을 살피기 위해서는 외부인의 도움이 필요합니다.
- 고인을 여전히 가족의 일부로 느낄 수 있도록 고인에 대해 이야기를 나누세요. 고인은 또 다른 방식으로 우리와 함께하고 있고, 여전히 우리를 사랑하고 보살피고 있으며, 우리도 고인을 계속 사랑할 수 있다고 말해주세요.
- 사진을 모두 치워버리고 고인의 이름조차 입 밖으로 꺼내지 않는 것과 고인의 사진을 집 안 곳곳에 놓아두고 매 순간 고인에 대해서 말하는 것 사이에서 적절한 균형을 찾으세요.
- 만일 가족 중 가장 어린 막내가 세상을 떠났다면, 바로 위의 자

녀에게 특별히 더 관심을 기울여야 합니다. 그 아이는 어쩌면 자신이 동생을 질투했기 때문에 동생이 죽었다고 생각할지도 모릅니다. 아이가 죄책감을 느끼지 않도록 하세요. 이런 잘못된 생각은 독으로 작용하며, 심할 경우 심리치료사의 도움이 필요한 상황이 올 수도 있습니다.

- 유산이나 사산을 한 경우라면 다른 자녀들에게 이 사실에 대해 말해주세요. 그리고 세상을 떠난 아기에게 이름을 지어주고 가족과 함께 애도의 시간을 갖도록 하세요.

아이에게 해주면 좋은 말

- 가까운 사람이 죽은 경우

엄마는 더 이상 너와 함께 있을 수 없어. 너는 엄마를 보거나 듣거나 만지거나 안길 수 없을 거야.

너는 엄마가 아주 많이 그리울 거야, 그렇지 않니? 엄마도 그 마음 이해할 거야. 너는 슬퍼하거나 화를 내도 괜찮아.

너도 알다시피 아빠는 우리 곁에 영원히 살고 있어. 하지만 이제 다른 방식으로 살게 될 거야. 너는 마음으로 아빠에게 말을 건넬 수 있어. 어떤 경우라도 아빠는 여전히 너를 사랑하고 있으니까. 너는 아빠를 다시 만나게 될 거야.

너는 할머니를 사랑할 수 있어. 왜냐하면 할머니는 늘 네 마음속에 존재하니까. 네가 할머니를 다시는 볼 수 없다고 하더라도 말이야.

언니와 너의 관계는 계속될 거야. 하지만 앞으로는 다른 방식으로 만나는 거야.

• 유산이나 사산을 한 경우

이 작은 아기는 우리와 함께 살 수가 없어. 이건 누구의 잘못도 아니야. 아기는 또 다른 곳에서 행복하게 살아갈 것이고 시간이 더 많이 흐른 뒤에 우리와 다시 만나게 될 거야.

우리는 아기에게 이름을 지어주었어. 아기도 우리 가족의 일원이니까 말이야.

이렇게 하지 마세요

- 아이의 나이와 상관없이 아이 앞에서 죽은 사람에 대해서 말하는 것을 피하지 마세요.
- 죽음에 대해 너무 가볍게 말해, 마치 아이가 텔레비전을 보는 것처럼 사소한 일로 여기게 만들지 마세요.

? 왜 그렇게 해야 할까요?

- 아이의 성장 속도에 맞춰서 가까운 사람의 죽음을 애도하는 다양한 절차를 함께할 수 있습니다.
- 아이가 죽음에 대해 자연스럽게 받아들일 수 있게 합니다.

효과가 바로 나타나는 솔루션

♡ 죽음에 관한 책을 찾아 읽게 해주세요.

♡ 아이에게 그림이나 초, 꽃 등을 가지고 장례식에 참가하게 하세요.

chapter 4

공부 태도가 바뀌는
따뜻한
말의 기적

숙제를 싫어하는 아이, 학습습관 만들기

언제부터인지 아이들의 숙제와 준비물을 챙기는 것이 부모의 역할이 되어버리면서 혼자 힘으로 숙제하는 것을 어려워하는 아이들이 많아졌습니다. 어린 시절에 익힌 학습습관은 공부만 잘하는 아이가 아닌 스스로 책임질 수 있는 아이로 성장할 수 있게 합니다.

◎ 이렇게 해보세요

- 현재 아이가 처해 있는 상황을 정확하게 파악하고 아이의 상황에 공감해주세요.
- 정해진 시간 동안만 아이를 도와주겠다고 제안해보세요. 정해진 시간이 지나고 나면 아이는 혼자 숙제를 해야 합니다.

- 아이에게 모든 것에는 해야 할 때가 있다는 것을 이해시키는 것이 중요합니다. 아이의 나이나 필요에 맞춰 조절하도록 하세요.
- 아이가 숙제를 끝냈는지 확인하세요. 그리고 어린아이인 경우 숙제를 통해서 알게 된 내용을 말로 표현하게 해보세요.
- 만일 숙제를 하지 않았거나 성실하게 하지 않았다면 선생님에게 그 결과에 따라 조치를 취해달라고 부탁하세요.

아이에게 해주면 좋은 말

- 아이 상황에 공감해주기

> 네가 노는 것이 더 좋기 때문에 숙제하고 싶지 않다는 것은 엄마도 이해해.
>
> 숙제가 너에게 재미없다는 것은 이해하지만, 모든 것에는 해야 할 때가 있어. 그리고 지금 너는 숙제를 해야 할 때야.

- 아이에게 부모의 도움 제안하기

> 엄마는 지금부터 한 시간 동안 네 숙제를 도울 수 있어. 하지만 시간이 지나고 나면 엄마는 더 이상 너를 도울 수 없어.
>
> 너는 무엇부터 시작했으면 좋겠니?

💬 엄마가 너를 어떻게 도와줄까?

⊗ 이렇게 하지 마세요

- 아이 대신 숙제를 해주지 마세요.
- 아이의 시험 결과에 대해서 책임감을 느끼지 마세요. 부모는 아이의 수학 점수에 대해서 책임감을 느낄 필요가 없습니다. 좋은 점수를 받았을 경우에도 마찬가지입니다. 부모가 아이의 공부에 대해 책임감을 느낄수록, 아이는 그에 대한 책임감을 덜 느끼게 됩니다.
- 엄마가 아이의 책가방에서 수첩을 직접 꺼내거나, 아이의 모든 활동 사항을 관리하려 하지 마세요.
- 아이가 이해하지 못한다고 소리 지르지 마세요.
- "자, 어서 숙제부터 해치워. 그래야 놀 수 있어!"라고 말하지 마세요.

? 왜 그렇게 해야 할까요?

- 아이가 스스로 공부하고 싶은 마음이 들게 하며, 아이의 자율성을 키워줍니다.
- 스스로를 책임질 수 있는 사람이 되게 합니다.
- 아이가 과제를 잘 마무리했을 때 느끼는 만족감을 알게 합니다.

효과가 바로 나타나는 솔루션

♡ 만일 아이가 특정 단원을 어려워한다면 그 단원에 집착하지 말고 잠시 다른 단원으로 넘어갔다가 나중에 다시 하게 하세요.

♡ 때때로 역할을 바꿔보는 것도 좋습니다. 아이가 선생님이 되게 해보세요!

시험 성적이 떨어졌을 때 해주면 좋은 말

노력의 의미를 깨닫는다는 것은 모든 일이 쉽게 이루어지지 않으며, 어떤 결과에 도달하기 위해서는 고통 또한 감수하는 것이 당연하다는 사실을 알게 되는 것입니다.[12]

◎ 이렇게 해보세요

- 우선 시험 점수가 나쁜 이유가 아이가 시험을 보기 전에 공부하지 않겠다고 자발적으로 선택한 결과인지 확인하세요. 이런 경우라면 아이가 최선을 다하지 않았다는 뜻입니다. 아이에게 추가 과제를 주거나 시험을 다시 보게 해서 최선을 다할 것을 요구하세요.

- 아이와 함께 학업성적을 높일 수 있는 방법을 고민해보세요. 아이 스스로 방법을 찾을 수 있다면 더 좋습니다.
- 아이가 최선을 다했다고 말한다면, 아이에게 조금 더 할 수 있는 아주 작은 노력, 조금 더 나아질 수 있는 부분이 어떤 것인지 알려주세요. 예를 들면, 더 정확하게 글자를 쓰는 것일 수도 있고, 맞춤법에 주의를 기울이거나 배우고 있는 단원을 좀 더 꼼꼼하게 확인하는 것일 수도 있습니다.
- 스트레스나 집중력 관리에 도움이 되는 기술이나 방법, 교육법을 찾아보세요. 예를 들면, 비토즈 방법,[13] 쓰기 치료, 마인드 컨트롤 등이 있습니다.

아이에게 해주면 좋은 말

- 아이의 성적이 나쁘게 나왔을 때

성적이 나쁘게 나와 실망했겠구나. 엄마 역시 실망했어.

점수를 올리기 위해서 엄마하고 함께 공부해볼래?

네가 어떻게 하면 더 잘할 수 있을지 함께 생각해보자.

점수를 올리기 위해서 어떻게 할지 생각해봤니?

• 아이가 숙제를 대충 했을 때

- 네가 최선을 다했다고 확신할 수 있니?
- 너는 최선을 다했니?
- 엄마는 네가 더 잘할 수 있다는 것을 알아. 그래서 네가 해 놓은 숙제에 대해서 전혀 만족할 수가 없어. 네가 제대로 다시 하길 바라.
- 엄마는 너한테 완벽한 걸 요구하는 게 아니야. 그리고 너에게 최고가 되라고 하는 것도 아니야!
- 엄마는 네가 너희 반 일등만큼 잘하지 않더라도, 최선을 다 하길 바라.
- 아빠는 네가 최선을 다했으면 좋겠어.
- 만일 네가 하루하루 최선을 다한다면, 너는 발전할 거야. 그리고 너 자신에 대해서도 만족하게 될 거고, 엄마 아빠도 만족하게 될 거야. 너한테 바라는 것은 그게 다야.

• 아이가 꾸준히 노력할 수 있도록 격려하기

- 너는 최선을 다했어. 중요한 건 그거야! 계속 그렇게 해! 그렇게 열심히 하면 발전할 수 있어!

💬 자신의 인생에서 성공하는 것이 세상에서 성공하는 것보다 더 중요해!

이렇게 하지 마세요

- 강요하지 마세요.

⊗ 엄마는 네가 최고가 되었으면 좋겠어!

⊗ 네 숙제는 완벽해!

- 불평하지 마세요.

⊗ 이건 말도 안 돼.

⊗ 너는 하나도 이해하지 못했잖아!

⊗ 이런 상태로는 절대로 끝까지 할 수 없을 거야!

왜 그렇게 해야 할까요?

- 아이가 최선을 다할 수 있도록 격려해주고, 발전하기 위해 노력하는 아이를 도와줍니다. 최선을 다할 때, 비록 결과에 만족하지 못한다고 하더라도 자기 스스로 만족할 수 있으니까요.

• 학교에서 스트레스를 받거나 집중하는 데 어려움이 있는 아이를 도와줍니다.

효과가 바로 나타나는 솔루션

♡ 학교에서 좋은 점수를 받아오면 특별한 작은 파티를 열어주세요.

♡ 집에서 숙제 검사를 할 때, 자신 있게 보여주지 못하거나 대충했다면 다시 하게 하세요.

♡ 아이의 실수를 부모가 지적하기보다 아이 스스로 찾을 수 있게 격려해주세요.

♡ 아이가 학교에서 돌아오자마자 시험 점수를 꼬치꼬치 캐묻지 마세요. 특히 어려움을 겪고 있는 과목이라면 더욱더 그렇습니다. 집에서 공부하는 시간에 그 부분에 대해서 자연스럽게 이야기해보세요.

♡ 아이에게 좋은 점수를 받기 위해서는 매 순간 최선을 다할 필요가 있다고 설명해주세요.

집중력을 높이는 정리정돈 습관

정리정돈은 단지 주변을 깨끗하게 하는 것에만 목적이 있지 않습니다. 정리정돈하는 습관을 들이면 전두엽이 발달하면서 조직화하고 논리화하는 능력이 생깁니다. 아이가 공부하느냐 시간이 없을 거라 생각하지 말고 정리정돈하는 습관으로 두뇌를 개발하고 마음의 여유 또한 느낄 수 있게 해주세요.

◎ 이렇게 해보세요

- 아이가 3~4세 정도 되면 정기적으로 물건 정리를 하는 습관을 들이세요. 놀이 형태로 한다면 좀 더 쉽게 할 수 있을 것입니다! 7세부터는 아이가 자기 스스로 방을 정리할 수 있어야 합니다.

물론 부모의 도움이 필요하겠지만 말입니다.

- 아이에게 책상이나 학용품, 옷장을 정리하는 습관을 길러주세요. 자신의 공간에 여유를 만듦으로써 아이의 내면에도 여유가 생길 것입니다.
- 하나의 물건에 하나의 장소를 지정해주세요.
- 각각의 물건이 제자리에 있어서 쉽게 찾을 수 있을 때 느끼게 되는 만족감을 아이가 느낄 수 있게 해주세요.

아이에게 해주면 좋은 말

- 아이가 직접 정리하도록 격려하기

하나의 물건에 하나의 자리! 물건 역시 각자 자기 자리가 있단다.

너는 이 물건에 어떤 자리를 골라주고 싶니?

책상 정리해. 그건 네 뇌를 정리하는 것과 같아!

- 아이에게 정리의 장점 일깨워주기

이제 얼마나 쾌적한지 둘러봐. 네가 놀 수 있는 공간도 많아졌잖아!

💬 너는 이제 장난감을 쉽게 찾을 수 있을 거야.

💬 이제 너는 레고를 밟지 않고서도 네 방으로 갈 수 있어!

⊗ 이렇게 하지 마세요

- 아이가 도저히 엄두를 낼 수 없을 정도로 끔찍하게 어질러진 상태가 될 때까지 내버려 두지 마세요!
- 아이가 물건을 정리했는데 마음에 들지 않거나 정리하지 않은 물건이 있어도 잔소리하지 마세요. 우선 정리한 것을 칭찬해주고 올바른 정리 방법을 알려주세요.
- 부모님의 방법대로 정리하라고 아이에게 강요하지 마세요.

? 왜 그렇게 해야 할까요?

- 정리정돈하는 법을 가르칩니다. 이것은 인내와 끈기를 요구하는 과정입니다.
- 생각을 구조화하는 법을 가르칩니다. 정리정돈은 생각이나 견해를 정리하고 분류하는 과정과 같기 때문에 논리력을 키우는 데 좋습니다.
- 물건을 소중히 하는 법을 가르칩니다.
- 여기저기 널려 있는 물건 때문에 산만해지지 않고 공부에 집중할 수 있습니다.

효과가 바로 나타나는 솔루션

♡ 몇 가지에 대해서만 엄격하게 요구하고 다른 것에 대해서는 융통성을 발휘해주세요.

♡ 아이가 하나하나 단계적으로 정리할 수 있도록 격려해주세요.

♡ 아이 방에 있는 가구의 키 높이를 조절하여 아이가 직접 물건을 정리할 수 있도록 도와주세요.

♡ 아이가 다른 장난감을 꺼내기 전에 우선 가지고 놀던 장난감을 정리하는 습관을 길러주세요.

♡ 아이에게 장난감이 너무 많지 않나요? 아이가 그 장난감들을 모두 가지고 노나요? 아이가 장난감들을 다른 아이들과 나눌 수 있는 방법을 생각해보세요.

경제교육은 자율적인 용돈 관리부터

◎ 이렇게 해보세요

- 아이가 6~7세가 되면 심부름을 하거나 칭찬받을 일을 했을 때 조금씩 용돈을 주세요. 하지만 반드시 주어야 하는 것으로 인식하게 해서는 안 됩니다. 심부름의 의미가 변질될 우려가 있으니까요.
- 9~10세 때부터 아이들이 돈을 절약하고 관리하는 법을 배울 수 있도록 매달 적게나마 용돈을 주세요. 아이가 다른 친구들과 비교하여 소외감을 느끼지 않도록 말입니다.

아이에게 해주면 좋은 말

• 아이에게 경제 관념 교육하기

- 돈은 단지 수단일 뿐이야. 돈이 인생의 목적은 아니야!
- 네가 가진 돈으로 지금 당장 사탕을 살 수도 있고 장난감을 살 수도 있어. 하지만 돈을 잘 모아둔다면 더 큰 것을 살 수 있을 거야. 네가 가지고 싶어 하던 자전거나 기타를 살 수도 있어.
- 네가 절약해서 모은 돈으로 너는 너 자신을 즐겁게 할 무언가를 할 수 있어. 하지만 다른 누군가에게 줄 선물을 살 수도 있지. 나눈다는 것은 때론 힘든 일이지만, 그것은 두 사람이나 행복하게 만드는 일이야. 너와 선물을 받게 될 다른 사람까지!

이렇게 하지 마세요

- 아이들과 함께, 혹은 아이들 앞에서 너무 자주 돈 이야기를 하지 마세요.
- 성적이 오른 것에 대한 보상으로 돈을 주지 마세요. 이는 학교생활에 어려움을 겪고 있을지도 모르는 형제나 자매에게는 상처가 될 수 있으니까요.

❓ 왜 그렇게 해야 할까요?

- 자신의 욕구를 참고 조절하는 법을 가르칩니다.
- 돈의 가치를 이해하고 잘 관리하는 법을 가르칩니다.
- 나누기 위해서 소유하는 법을 가르칩니다.

효과가 바로 나타나는 솔루션

♡ 신발 정리, 청소기 돌리기, 마당 쓸기 등 아이가 집안일을 도왔을 때 보상 개념으로 용돈을 줍니다.

스마트폰 중독과 인터넷 중독이 의심된다면

언제부터인가 아이가 울거나 떼를 쓰면 스마트폰을 손에 쥐여주거나 태블릿 PC를 보여주는 부모가 점점 많아지고 있습니다. 하지만 한참 자극에 민감하고 호기심이 싹트기 시작하는 아이들에게 무분별한 영상 매체 시청은 사고력과 지능 발달을 저하시킬 수 있으니 적절하게 노출시켜주는 것이 좋습니다.

유아기의 잘못된 습관은 초등, 중고등 시기까지 연결되어 학습 장애까지 불러올 수 있으니 부모가 먼저 스마트폰과 인터넷 사용의 위험성을 인지하고 있어야 합니다. 양방향 소통을 배우고 익혀야 할 성장기에 영상 매체를 너무 자주 접하게 되면 언어발달 시기를 놓칠 수 있고, 거북목증후군이나 블루라이트로 인한 안구건조증 등 신체 성장에도 나쁜 영향을 미칠 수 있습니다. 발달 시기에 맞는 좋은 자극을 주는 것이 아이의 바른 성장에 매우 중요하다는 점을 부모는 꼭 기억해야 합니다.

◎ 이렇게 해보세요

- 영상 매체는 가능한 한 늦게 접하게 하세요. 너무 유난 떠는 것처럼 보인다고 하더라도 말입니다.
- 식당에서 음식이 나오기를 기다리는 시간이나 할 일 없이 무언가를 기다려야 할 때 아이가 영상 매체를 접하는 것을 최대한 자제하세요.
- 감각을 키우는 데 필요한 시간을 영상 매체가 앗아가도록 내버려 두지 마세요. 삶은 영상 매체를 통해서가 아니라 스스로 경험하고 감각한 것을 통해서 느껴야 합니다. 이것은 모든 학습의 기본 원리기도 합니다.
- 영상 매체 없는 시간을 즐기세요. 어른들도 마찬가지입니다. 예를 들면 식사 시간이나 아이와 함께하는 시간에는 온전히 아이하고만 함께하세요.
- 스카우트 활동이나 독서 활동, 사교 활동, 스포츠나 문화 활동에 최대한 시간을 할애하세요.
- 컴퓨터를 가족 모두 함께 이용하는 장소에 두세요. 각자의 방에 컴퓨터를 두지 마세요.

⊗ 이렇게 하지 마세요

- PC나 TV를 사용하는 데 있어서 명확한 규칙을 세우세요.
- 부모 스스로 핸드폰이나 컴퓨터, 텔레비전을 너무 자주 사용하지 마세요.
- 외부 활동이나 만들기 놀이, 몸으로 하는 게임 대신 영상 매체를 너무 자주 사용하지 마세요.
- 아주 어린 아이라면 어떠한 영상 매체에도 노출시키지 마세요.
- 어린아이에게 부모의 핸드폰을 가지고 놀게 하지 마세요.
- 아이에게 비디오 게임을 하게 하지 마세요.
- 아이에게 핸드폰을 주머니에 넣고 다니거나 베게 밑에 두게 하지 마세요. 그리고 컴퓨터를 아이 방에 두지 마세요.

? 왜 그렇게 해야 할까요?

- 지나친 영상 매체 노출은 심리 신경학자들이 권장하는 뇌 발달에 도움이 되지 않습니다.[14]
- 아이가 무기력해지거나 지나치게 흥분하는 것을 피합니다.
- 아이에게 중독될 수 있는 것에 저항하는 법을 가르칩니다.
- 아이에게 가상 세계의 수많은 친구보다 현실 세계에 존재하는 친구나 이웃의 소중함을 깨닫게 합니다.

효과가 바로 나타나는 솔루션

♡ 아이가 영상 매체를 사용할 수 있는 시간을 정하세요. 그리고 아이가 이 시

간을 스스로 관리할 수 있게 하세요.

♡ 영상 매체를 절대로 사용할 수 없는 날이나 시간을 정하세요.

♡ 자연의 소중함을 배울 수 있도록 자연과 접촉할 수 있는 활동을 최대한 많이 하세요. 아이들은 밖에서 뛰어노는 것을 좋아합니다. 오두막집을 짓고, 과일이나 채소를 수확하고, 동물을 관찰하는 것에서 기쁨을 느낄 수 있도록 말입니다.

특별활동에 능동적으로 참여하게 만드는 방법

특별활동은 다양한 자기표현의 기회를 제공하여 아이의 개성과 소질을 계발하고, 건전한 취미를 갖게 하여 자아실현을 돕고, 여가를 잘 활용할 수 있게 합니다. 그러려면 아이의 능동적인 참여와 계속적인 관심을 유도할 수 있어야 합니다.

◎ 이렇게 해보세요

- 아이와 함께 할 특별활동을 선택해보세요.
- 부모가 제안한 특별활동에 대해서 아이가 내키지 않아 하더라도 시도해보라고 요구하세요. 일단 시도해본 후에 아이의 선택을 존중해주겠다고 약속하세요.

- 만일 아이가 특별활동하는 것에 동의한다면, 아이에게 약속한 기간 동안은 계속해서 참여할 것을 요구하세요. 이것은 계약과도 같습니다.
- 만일 아이가 중간에 그만두고 싶어 한다면, 단호한 태도로 아이가 처음 시작할 때 끝까지 하겠다고 약속한 사실을 상기시켜주세요.

아이에게 해주면 좋은 말

- 아이가 특별활동을 할 수 있게 격려하기

너는 아주 조금이라도 노력할 준비가 되었니?

네가 어떤 것을 할 준비가 되었는지 엄마에게 보여줘.

노력하는 법을 아는 것은 인생에서 아주 중요하단다.

춤추고 노래하고 웃고 즐기는 것은 잘 성장하는 데 있어 도움이 된단다!

- 아이에게 약속에 대한 개념 이해시키기

너는 올해가 끝날 때까지 네가 선택한 것에 대해서 책임질 준비가 되어 있어야 해.

• 중간에 그만두고 싶어 하는 아이 앞에서 단호한 태도 유지하기

엄마는 네가 시작한 것은 끝내야 한다고 생각해.

선택했으면 끝까지 해봐야지!

이렇게 하지 마세요

- 아이에게 억지로 특별활동을 하라고 강요하지 마세요. 그러면 특별활동을 하는 효과가 없습니다.
- 여유 시간 없이 이런저런 활동을 너무 많이 시키지 마세요. 양보다 질이 우선입니다.

왜 그렇게 해야 할까요?

- 아이가 분별력 있게 선택하도록 도와줍니다.
- 약속을 지키는 법을 가르칩니다.
- 시도한 것을 끝까지 해봄으로써 참을성과 끈기를 기릅니다.

효과가 바로 나타나는 솔루션

♡ 아이가 밖에서 자유롭게 놀 수 있도록 특별활동 시간을 조절해주세요.

♡ 아이의 상상력을 키우는 데 도움이 되는 독서, 사색, 자유로운 활동 등을 할 수 있는 시간을 만들어주세요.

아침마다 늦게 일어나는 아이 어떻게 깨우나

아이를 키울 때 엄마들이 가장 힘들어하는 부분이 아이의 수면습관이죠. 아침마다 떼쓰고 짜증 부리다가 겨우 일어나 급하게 학교 갈 준비를 하는 아이에게 여유 있는 아침을 선물해보세요.

◎ 이렇게 해보세요

- 아이가 완전히 잠든 상태인지 아니면 깬 상태인지 확인하고, 아이의 입장에 공감해주세요.
- 아이의 귓속에 대고 작은 소리로 "이제 일어날 시간이야"라고 속삭여주세요. 그런 다음 5분 간격으로 3, 4회 정도 반복해서 깨우세요.

- 먼저 늦지 않기 위해서인지, 혹은 여유를 가지고 준비하기 위해서인지 지금 일어나야 하는 이유를 말해주고 아이가 선택할 수 있게 해주세요.
- 이 모든 행동은 아이를 꼭 안아주면서 하세요.

아이에게 해주면 좋은 말

- 아이 입장에 공감해주기

엄마도 네가 이불 속에서 따뜻하게 있는 것을 더 좋아한다는 거 이해해.

엄마는 네가 지금 일어나기 힘들어한다는 거 알아.

- 아이가 좋은 선택을 할 수 있도록 돕기

서두르지 않고 제시간에 맞게 준비하려면 지금 일어나는 것이 좋지 않을까?

좋은 하루를 시작하기 위해 아주아주 힘든 일 몇 가지를 할 준비가 되었니?

시리얼을 먹으려면 지금 일어나야 할 거야.

• 어린아이인 경우 유머러스하게 말하기

> 잠들게 하는 악당에게 빨리 일어나서 옷을 입으라고 명령할 슈퍼히어로는 어디 있을까?

이렇게 하지 마세요

• 아이를 몰아붙이면서 스트레스를 주지 마세요.

> 빨리 일어나! 서둘러!!! 벌써 늦었단 말이야!

왜 그렇게 해야 할까요?

• 아이가 하고 싶어 하지 않는 일을 하는 법을 가르침으로써 의지를 강화시킵니다.

효과가 바로 나타나는 솔루션

♡ 전날 저녁에 마치 놀이를 하듯이 아이와 함께 방바닥에 눈사람 형태로 아이가 입을 옷을 미리 준비해두세요.

♡ 독창적인 아이디어를 이용하여 일상적인 아침의 틀을 깨어보세요. 예를 들면, 미국식 아침 식사를 준비하거나 독특한 시리얼을 준비하세요.

등교 준비할 때 딴짓하는 습관 바로잡기

아이들의 습관은 어릴 때 형성된다고 하죠. 3세부터 7세까지가 습관 형성에 가장 중요한 시기입니다. 이때 아이의 생활 습관이 평생 습관이 될 수 있으니 스스로 올바른 습관을 들일 수 있도록 해야 합니다.

◎ 이렇게 해보세요

- 차분한 태도를 유지하면서 아이에게 아침 식사 시간임을 알려주세요.
- 아이가 등교하기 전 시간이 없다면 이틀이나 사흘 정도는 아침을 굶기고 등교시키세요.

아이에게 해주면 좋은 말

• 생활 리듬에 따라 행동하는 법 가르치기

아침 식사할 시간이야.

아침 식사는 여덟 시까지만, 시계 큰 바늘이 8에 있을 때까지만 차려놓을 거야. 그 후엔 학교에 가야 해. 아침 식사를 거르고 싶니?

모든 것은 해야 할 때가 있는 법이야!

이렇게 하지 마세요

- 아이에게 재촉하며 짜증 내거나 소리를 지르거나 스트레스를 주지 마세요.

왜 그렇게 해야 할까요?

- 모든 것은 해야 할 때가 있다는 사실을 아이에게 이해시킵니다.
- 좋거나 나쁜 선택에는 반드시 좋거나 나쁜 결과가 뒤따른다는 것을 아이에게 가르칩니다.

효과가 바로 나타나는 솔루션

♡ 아이가 등교 준비할 시간이 더 필요한 건 아닌지 확인하세요.

자율성을 키우는 격려와 칭찬의 기술

자율성은 다른 사람에게 의지하는 대신 스스로 행동하고자 하는 의지며, 자율성 없이는 아무것도 해낼 수 없습니다. 아이가 뭔가를 혼자 해보려고 애쓰는 것은 자연스러운 욕망의 시작이므로 아이에게 스스로 할 수 있는 기회를 많이 마련해주어야 합니다.

◎ 이렇게 해보세요

- 아이 혼자 옷을 입거나, 신발을 신거나, 외투를 걸치거나, 신발 끈을 묶거나, 책가방을 챙길 수 있게 되면 아이 스스로 하도록 내버려 두세요. 아이가 하고 싶어 하지 않거나 시간이 없어서 서둘러야 하는 순간에도 말입니다. 처음에는 아이가 혼자서 해냈

다는 사실에 행복해할 것입니다. 하지만 똑같이 반복되는 일인데다 재미가 없기 때문에 아이는 곧 싫증 낼 것입니다. 하지만 아이가 끝까지 혼자 해낼 수 있도록 가만히 지켜보면서 아이의 인내심을 길러주세요.

- 아이가 이런저런 일을 혼자서 해낸 것에 대해서 엄마 아빠가 기뻐하고 자랑스러워한다는 사실을 아이에게 얘기해주세요.

아이에게 해주면 좋은 말

- 아이 혼자 해낸 것 격려해주기

너 혼자 옷을 입었어. 정말 멋져!

아빠는 네가 자랑스러워. 앞으로 너에게 믿고 맡길게.

- 아이가 스스로 하고 싶어 하지 않을 때

매일같이 혼자 옷 입는 게 지루하다는 거 엄마도 이해해. 엄마 역시 매일 저녁 식사를 준비하는 게 지루하거든.

일단 무언가를 하는 법을 알게 되면, 그것을 다른 사람들이 하도록 내버려 두지 않고 너 스스로 해야 해.

⊗ 이렇게 하지 마세요

- "아직 아이니까 잘하지 못할 거야", "우리 애는 빨리하지 못하니까", "아이가 분명히 무언가를 잊어버리고 올 거야"라며 아이가 할 일을 대신 해주지 마세요.
- 아이와 함께 있는 자리에서 누군가 아이와 관련된 질문을 할 때 아이 대신 대답하지 마세요.

? 왜 그렇게 해야 할까요?

- 자율성을 키워줍니다.
- 때론 고통스럽고 지루하다더라도 의지와 끈기를 강화시킵니다.
- 게으름과 무기력증이 사라지게 합니다.
- 아이의 자신감을 높여줍니다.

효과가 바로 나타나는 솔루션

♡ 정해진 일과 시간을 맞추는 것 때문에 아이에게 스트레스를 주지 않으려면, 조금 여유 있게 준비하게 하세요.

형제자매가 수면시간이 다를 때

수면시간은 형제자매라 할지라도 서로 다를 수 있습니다. 각자의 속도와 리듬에 맞춰 하루를 시작하려면 혼자 있는 아침 시간을 잘 활용할 필요가 있습니다.

◎ 이렇게 해보세요

- 아침에 일찍 일어나는 아이가 조용히 할 수 있는 활동을 전날 저녁 미리 준비해두세요.
- 만일 부모의 지시를 따르지 않는다면 아이에게 행동의 결과를 감당하게 하세요.

아이에게 해주면 좋은 말

• 다른 사람의 생체 리듬 존중하게 하기

> 좀 더 오래 잠을 자고 싶은 사람들을 위해서 알람이 울릴 때까지 퍼즐이나 그림 그리기를 하자.

• 4세 이상의 아이가 이러한 지시를 따르지 않을 때

> 너는 어린아이처럼 시끄럽게 했어. 그러니 너는 아기처럼 낮잠을 자야 할 거야.

이렇게 하지 마세요

- "얌전히 잘 자는 사람만 선물 줄 거야" 같은 말로 구슬리거나 협박하지 마세요.

왜 그렇게 해야 할까요?

- 차분하고 조용히 자기만의 시간을 보내는 법을 가르칩니다.
- 다른 사람을 존중하는 법을 가르칩니다.

효과가 바로 나타나는 솔루션

♡ 아이가 시간 개념을 파악하는 데 도움이 될 만한 자명종 시계를 준비하세요.

♡ 침묵 놀이를 제안해보세요. 놀이의 목적은 정해진 시간까지 조용히 하는 것입니다.

♡ 차분하게 혼자 보내는 시간에 아이의 상상력과 창의력은 훨씬 더 많은 자극을 받게 된다는 사실을 기억하세요!

♡ 필요한 경우 아이 혼자서 조용히 자신의 속도에 맞춰 식사할 수 있도록 아침 식사를 미리 준비해주세요.

밥상머리 교육을 위해 준비할 것들

가족과의 식사 자리는 일상생활 속에서 사회생활을 가르칠 수 있는 가장 좋은 기회입니다. 우선 가정에서 적용하는 모든 규칙을 가족 구성원들 앞에서 분명하게 말하고, 미리 설명해야만 합니다. 예를 들면, 식사 시간에 모든 가족이 동시에 식탁에 앉는 것이 규칙이라면 이 규칙을 가족들에게 미리 분명하게 얘기해주세요.

◎ 이렇게 해보세요

- 식사하기 몇 분 전에 식사 시간을 미리 알려주세요. 이렇게 함으로써 아이들은 각자 하던 일을 마무리해야 할 시간이라는 것을 알게 됩니다.

- 아이가 식사 자리에 늦게 나타나면 밥을 뺏을 준비를 하세요. 아이에게 이 규칙에 대해서 여러 번 말해줄 필요가 없습니다.
- 부모가 아이에게 규칙에 대해 설명할 땐 가능한 구체적이고 정확하게 말하세요.
- 아이에게 의자에 바른 자세로 앉는 법, 수저를 사용하는 법을 구체적으로 보여주고 가르쳐주세요.

아이에게 해주면 좋은 말

- 규칙을 지키도록 격려하기

식사가 5분 이내에 준비될 거야!

큰 바늘이 7에 있으면 식사 시간이야.

5분 이내에 저녁 식사 준비가 다 될 거니까 하던 일 마무리 해.

- 정확하고 구체적으로 알려주기

음식 먹을 때 소리가 덜 나게 할 수 있지?

아, 작은 강아지가 밥 먹는 소리를 들은 것 같은데? 강아지가 어디에 있지?

네가 스파게티를 어떻게 먹는지 엄마가 보여줄게.

- 음식을 씹을 때 입을 다물고 씹을 수 없을까? 너는 악어가 아니잖아!
- 허리를 세우고 똑바로 앉으렴!

이렇게 하지 마세요

- 식사 시간에 아이들을 식탁에 앉히기 위해서 소리 지르지 마세요.
- 아이들이 도착하는 순서에 따라 밥을 주지 마세요. 만일 집안 규칙이 모두가 동시에 식탁에 앉아 식사하는 것이라면 말입니다. 늦게 오는 아이들이 시간을 지키게 하는 것이 목표니까요.
- 텔레비전 앞에서 식사하지 마세요.
- 이렇게 말하지 마세요.

- 입 다물고 똑바로 앉아서 먹어!
- 너는 지금 돼지처럼 먹고 있어!
- 식탁 위에 팔꿈치 올리지 말고!
- 좀 조용히 해! 밥 먹을 때는 소리 내지 말라고 몇 번을 말했니.
- 의자 위에서 몸 흔들지 마!
- 엄마는 의자 다리가 부서지는 것을 원치 않아! 의자 다리가 땅에 붙어 있게 할 수 없겠니?

❓ 왜 그렇게 해야 할까요?

- 식사 시간이 되면 아이들이 제시간에 식탁 앞으로 오게 합니다.
- 아이가 식사를 준비하는 사람뿐만 아니라 함께 식사하는 가족을 존중하게 합니다.
- 식사 자리뿐만 아니라 가족과 시간을 공유하기 위해서 모든 가족이 함께하는 자리에 아이를 참석시킵니다.

효과가 바로 나타나는 솔루션

♡ 식사 시간이 되기 5분 전에 작은 종을 울려보세요.

♡ 가끔 속도 시합을 제안해보세요.

♡ 청결상, 식탁 예절상 등으로 '메달'을 수여해 보세요.

편식하는 아이, 식사습관을 바로잡는 기술

아이를 키우는 부모라면 한 번쯤 고민해봤을 문제가 바로 아이의 편식습관일 것입니다. 아이의 편식습관을 고치기 위해서는 우선 올바른 식사예절부터 가르쳐야 합니다.

◎ 이렇게 해보세요

- 아이가 새로운 음식을 먹을 때마다 칭찬해주고, 아이가 좋아하지 않는 음식이어도 조금씩 먹여보세요.
- 단호한 태도를 유지하고 다른 음식으로 대체해서 먹이지 마세요.
- 아이가 식탁에서 시간을 끌고 있다면 식사를 끝내야 하는 시간임을 알려주세요.

- 제때 다 먹지 못하고 남긴 음식은 다음 식사 때 다시 주세요.
- 아이가 몇몇 종류의 채소나 과일, 유제품 등을 끔찍하게 싫어하거나 아주 작은 조각조차 거부한다면 상담을 받아보세요.

아이에게 해주면 좋은 말

- 아이가 좋아하지 않는 음식 맛보게 하기

네가 좋아하지 않는다는 건 알지만 적어도 한 입 정도는 맛보지 않을래?

엄마가 아주 조금만 줄 테니 조금 맛만 봤으면 좋겠는데.

- 식사 시간을 질질 끌고 있는 아이에게 한계 정해주기

시곗바늘이 8에 가면 식사 시간 끝이야.

네가 오늘 다 먹지 못한 음식은 내일 먹어야 할 거야.

이렇게 하지 마세요

- 아이가 먹고 싶은 음식만 골라서 먹게 하지 마세요.
- 아이가 자신의 접시를 다 비울 때까지 무한정 기다리지 마세요.
- 저녁 식사 시간이 곧 끝날 것이라고 여러 번 반복해 말하면서 짜

증 내지 마세요.

❓ 왜 그렇게 해야 할까요?

- 좋아하지 않는 음식이더라도 아이에게 작은 노력을 시도하게 합니다.
- 모두가 평화롭게 식사할 수 있습니다.

효과가 바로 나타나는 솔루션

♡ 아이에게 억지로 다 먹으라고 강요하는 것을 피하고 싶다면 적은 양만 주세요. 아이가 좋아하는 음식을 더 갖다 먹게 하는 것이 낫습니다.

♡ 아주 어린 아이인 경우 싫어하는 음식에서 관심을 다른 곳으로 돌리기 위해 식사 시간에 아이에게 이야기책을 읽어주는 것도 좋은 방법입니다.

간식을 좋아하는 습관 없애주기

간식은 식사와 식사 사이 가볍게 허기를 달래주기 위한 것입니다. 간식은 점심이나 저녁 같은 식사가 아니라는 것을 환기시키세요. 간식을 너무 많이 먹음으로써 식사를 거르거나 식습관이 망가질 수 있으니까요.

◎ 이렇게 해보세요

- 아이가 버릇없이 응석받이처럼 구는 것을 받아주지 마세요.
- 간식을 주지 않았다고 아이가 실망한다면 아이가 지금 경험하고 있는 상황에 공감해주세요.
- 아이에게 부모가 주는 것을 먹든지 아무것도 먹지 않든지 둘 중

하나를 선택하게 하세요.

아이에게 해주면 좋은 말

• 응석받이 습관 들이지 않기

- 네가 지금 초콜릿을 원한다는 거 알아. 하지만 지금 초콜릿을 주면 엄마가 너를 놀라게 해주고 싶을 때는 무엇을 줘야 하지?
- 특별한 간식은 특별한 날에 먹자꾸나.
- 벌써 과자를 다 먹었구나! 그럼 지금은 엄마가 주는 이것만으로도 행복할 수 있을 거야!
- 너는 이것을 먹든지, 아니면 아무것도 먹지 않든지 둘 중 하나만 선택할 수 있어.

이렇게 하지 마세요

- 크림빵이나 과자 등을 너무 자주 주지 마세요. 간식 시간이 매일 즐거울 필요는 없습니다.
- 학교에서 돌아오자마자 목청껏 큰 소리로 과자를 요구하는 아이에게 자동으로 과자 상자를 내밀지 마세요.

왜 그렇게 해야 할까요?

- 일상적인 날과 몇몇 예외적인 특별한 날을 구분하게 합니다.
- 아이가 단순한 것만으로도 행복할 수 있다는 사실을 이해하게 합니다.
- 아이에게 모든 걸 원하는 대로 할 수 없다는 것을 이해시킵니다.

효과가 바로 나타나는 솔루션

♡ 하루 동안 있었던 일에 대해 깊은 대화를 나누는 시간을 즐기기 위해 과자를 이용해보세요.

봉사의 의미는 책이 아니라 가정생활에서 배우도록

봉사는 다른 사람에게 도움을 주는 행위입니다. 이러한 행위는 보상받을 수도, 완전히 무보수로 이루어질 수도 있으며, 누군가의 요구에 의해 이루어질 수도, 자발적으로 이루어질 수도 있습니다.

◎ 이렇게 해보세요

- 아이에게 집안일을 도울 것을 요구하세요. 가족의 일원으로서 당연히 해야 할 일입니다! 가정에서의 가사 참여는 사회생활을 미리 배울 수 있는 가장 좋은 기회이기도 합니다.
- 아이의 연령에 따라 봉사하는 법과 자발적으로 행동하는 법을 조금씩 가르치세요. 침대를 정리하고, 걸레를 빨고, 그릇을 정리

하고, 자기 방 쓰레기통을 비우게 하세요. 굳이 시키지 않더라도 차츰차츰 스스로 알아서 하도록 말입니다.

- 아이가 최선을 다했다고 해서 결과가 반드시 좋을 것이라고 생각하지 마세요.
- 아이가 자발적으로 봉사정신을 기를 수 있도록 도와주세요.

아이에게 해주면 좋은 말

- 아이에게 집안일 돕기 요구하기

오늘 저녁에는 할 일이 많네. 엄마가 식탁을 차릴 때 우리 현우가 도와주지 않을래?

수저 놓기는 누가 담당할래? 오늘 저녁은 민석이 차례네.

아빠는 가장 중요한 임무를 수행할 비밀 요원을 찾고 있어.

- 도와주기를 거절하는 아이에게 동기 부여하기

네가 집안일에 참여하지 않는 것을 선택했기 때문에, 오늘 저녁 엄마가 너한테 후식을 주지 않더라도 놀라지 마.

네가 청소하고 싶지 않다는 거 이해해. 하지만 네가 마음을 바꾸고 청소한다면 엄마는 정말 행복할 거야.

⊗ 이렇게 하지 마세요

- 일 처리를 빨리하거나 더 깔끔하게 하기 위해 뭐든지 엄마 혼자서 다 하려고 하지 마세요.
- 한 사람에게만 모든 일을 다 맡기지 마세요.

? 왜 그렇게 해야 할까요?

- 마음을 다하여 행하는 봉사의 의미를 깨달을 수 있게 합니다.
- 아이에게 집안일에 참여하는 법을 가르치고, 다른 사람을 잘 도와주게 합니다.
- 아이가 사회생활에 잘 적응할 수 있도록 합니다.

효과가 바로 나타나는 솔루션

♡ 집안일을 분담해서 시키세요.

♡ 집안일 하는 것을 작은 대결 구도로 만들어 부모와 자식 간에 짝을 지어서 해보세요.

♡ 식탁 정리 대장, 욕실 청소 대장 등 각각의 봉사 내용에 해당하는 작은 메달을 만들어 아이에게 보상받을 기회를 주세요.

♡ 가장 큰 아이가 할 수밖에 없는 보람이 크지 않거나 세차처럼 더 힘든 일을 했을 때는 작은 혜택이나 용돈으로 보상해주세요.

♡ 아이들이 다른 집을 방문했을 때 자신이 도울 수 있는 일이 없는지 살펴보게 하세요. 예를 들면, 장난감이나 식탁 정리같이 간단하게 할 수 있는 일을 시키세요.

건강한 컨디션 유지를 위한 청결 교육

집안에서 적용되는 모든 규칙을 모든 가족 구성원들 앞에서 분명하게 말하고 미리 설명해야만 한다는 사실을 잊지 마세요. 예를 들면, 저녁 식사 시간 전에 목욕이나 샤워를 하는 것이 집안 규칙이라면 이것을 아이들에게 미리 분명하게 설명해야만 합니다.

◎ 이렇게 해보세요

- 아이에게 샤워나 목욕을 하라고 하기 5분 전에 미리 얘기하세요. 아이가 놀이에 빠져 있거나 혹은 어쩌면 공부에 집중한 상태일 수도 있으니 아이의 현재 상황에 공감해주세요.
- 아이가 불쾌한 결과를 감당할 필요가 없도록 좋은 선택을 할 수

있게 이끌어주세요.

아이에게 해주면 좋은 말

- 아이의 현재 상황에 공감해주기

> 엄마는 네가 물에 들어가고 싶어 하지 않는다는 거 이해해. 하지만 네 건강을 위해서 목욕하는 것이 더 좋지 않을까?
>
> 이제 목욕할 시간이야!

- 아이가 감당하게 될 나쁜 선택의 결과 설명해주기

> 목욕하지 않으면 저녁 식사도 없어!
>
> 우리 집안 규칙은 샤워하고 실내복으로 갈아입은 후 저녁 식탁에 앉는 거야. 만약 네가 이 규칙을 따르지 않겠다면 너는 저녁 식사를 할 수 없어. 이것은 처벌이 아니야. 우리 가족 간의 규칙을 따르지 않아서 생긴 결과일 뿐이야. 너를 위해서 무엇이 좋을지 선택하렴!

이렇게 하지 마세요

- 아이가 씻는 것에 동의할 때까지 아이에게 소리 지르거나 짜증

내지 마세요.

❓ 왜 그렇게 해야 할까요?

- 자기 몸을 존중하고 청결을 유지하는 법을 가르칩니다.
- 아이가 스스로 결정할 수 있도록 도와줍니다.
- 아이가 선택한 결과에 대해서 책임지도록 합니다.

효과가 바로 나타나는 솔루션

♡ 저녁 일과를 간단하게 요약한 목록을 만들어서 아이가 실천할 때마다 하나씩 지워나가게 하세요. 글을 읽을 줄 모르는 어린아이라면 그림으로 그려서 하는 것도 좋습니다.

♡ 아이들이 목욕하는 동안 장난치고 노래하며 노는 것을 인정해주세요. 즐거움, 그것이 삶입니다!

아이에게 성교육은 언제부터, 그리고 어떻게

아이가 부모에게서가 아닌 다른 통로를 통해 성에 눈뜨게 되면 성에 대해 부정적으로 인식하게 될 수도 있습니다. 진지하지만 편안한 분위기에서 성에 대한 관심은 인간이 가진 기본적인 욕구이고 나쁜 행위가 아님을 알려주어야 합니다.

◎ 이렇게 해보세요

- 만일 아이가 부모에게 성과 관련된 질문을 한다면 가능한 한 모든 질문에 대답해주세요. 질문을 한다는 것은 아이가 이런저런 주제에 대해서 생각하고 있다는 뜻입니다. 아이가 우리에게 내미는 이런 은밀한 기회를 잘 이용해서 아이가 생각하고 있는 주

제에 대해 깊은 대화를 나누도록 하세요.

- 자녀의 성교육을 담당하는 것은 부모의 의무이자 책임이라는 사실을 잊지 마세요. 이것은 학교나 사회의 역할이 아니라 부모의 역할입니다.
- 아이가 3세 정도 되면 아이의 나이나 성별에 맞춰 애정이 넘치는 분위기에서 성과 관련된 주제를 가지고 이야기를 시작하세요.
- 사춘기가 되기 직전부터 딸은 엄마가, 아들은 아빠가 성과 관련된 주제를 가지고 대화를 나누도록 하세요.
- 성과 관련된 문제는 신중하게 접근해야 합니다. 신체를 '사물화' 하는 것을 예방할 수 있도록 신경 쓰세요.
- 아이에게 해로울 수 있는 사람이나 성인 웹사이트 등에 대해서는 접근을 차단시키세요.
- 의심스러운 이미지나 대화로 인해 아이가 불편한 기색을 보이지 않는지 잘 살피세요.

아이에게 해주면 좋은 말

• 아이 질문에 대답하기

엄마와 아빠는 어떻게 아기를 만드는 거예요?

아기는 엄마와 아빠가 사랑해서 생기는 거란다.

❓ 엄마와 아빠가 '서로 아주 뜨겁게 사랑한다'는 것은 무슨 뜻이에요?

💬 네가 엄마를 안아줄 때보다 훨씬 더 세게 엄마와 아빠가 꼭 껴안는다는 뜻이야.

❓ 우리는 동물과 비슷한가요?

💬 동물은 본능에 따라 움직여. 사실 동물들은 사랑을 하지 않아. 하지만 우리는 사랑으로 하나가 되고, 아기를 낳는 거란다.

💬 네 몸은 네 거야. 네 몸은 엄마 것도 아니고 엄마가 가질 수도 없단다. 네 몸은 너야!

⊗ 이렇게 하지 마세요

- 아이가 학교에서 또래 친구들과 성에 대해 접근하도록 내버려 두지 마세요.
- 아이가 '윽, 저런 역겨워!'라고 생각할 수 있는 잘못된 믿음이 생기거나 상상하도록 내버려 두지 마세요.
- 아이 앞에서 부모의 벗은 몸이나 아이에게 충격을 줄 수 있는 행위는 하지 마세요.
- 아이를 부모의 침대에서 재우지 마세요.
- 어린아이가 부모의 감시나 통제 없이 인터넷에 접속하게 하지

마세요.

• 성과 관련된 전문용어나 저속한 언어를 사용하지 마세요.

왜 그렇게 해야 할까요?

• 자기 몸의 아름다움을 발견하게 합니다.
• 남녀 간의 성적 차이의 의미를 이해하게 합니다.
• 성 정체성과 사람들과의 관계를 의식하게 합니다.
• 자신의 몸은 물론 다른 사람의 몸을 존중하게 합니다.

효과가 바로 나타나는 솔루션

♡ 아이가 질문하는 순간 기꺼이 응할 준비를 해두세요. 성과 관련된 주제에 대해서 아이와 함께 이야기할 기회가 오면 절대 놓치지 마세요. 왜냐하면 그런 기회는 다시는 오지 않을 수도 있으니까요.

♡ 아이의 나이에 맞는 안내서의 도움을 받아 아이와 함께 대화를 나누세요.

♡ 아이가 부끄러워하는 것을 존중해주세요. 아직 아이가 조심스러워할 나이가 아니라고 하더라도 말입니다.

♡ 배우자에게 사랑과 애정을 표현하는 것은 아이에게 안정감을 주고 마음을 충만하게 채워줍니다.

chapter 5

아이의 마음을 지옥으로 만드는 말 곪어내기

수줍음이 많은 아이에겐 자기표현의 방법을

수줍음은 종종 다른 사람의 시선이 고통스러웠던 경험 때문에 생긴 두려움일 수 있습니다. 어떤 사람은 수줍음 때문에 꼼짝도 못 하거나, 특히 밖에 나가서는 아무런 말이나 행동도 할 수 없게 되기도 합니다. 수줍음이 많은 아이는 거의 항상 공격받을 것을 두려워하기 때문에 부모가 신경을 많이 써줘야 합니다.

◎ 이렇게 해보세요

- 아이에게 안정감을 느끼게 해주세요.
- 강요하지 말고 조금씩 나아질 수 있도록 천천히 그리고 자연스럽게 아이를 자극하세요.

- 많이 격려해주세요.
- 작은 발전이라도 칭찬해주세요.

아이에게 해주면 좋은 말

- 아이에게 안정감 느끼게 하기

엄마 여기 있으니까 안심해도 돼.

용기 내서 말해도 괜찮아.

- 강요하지 않고 아이 격려하기

너도 다른 아이들처럼 손 들고 얘기할 수 있어.

너도 발표할 용기를 내보고 싶지 않니?

자! 우리 둘이 동시에 말해보자. 하지만 엄마는 네 목소리가 듣고 싶어!

이렇게 하지 마세요

- 강요하거나 스트레스를 주거나 협박하지 마세요.
- 인사를 하지 않는다고 아이를 다그치거나 벌주지 마세요.

❓ 왜 그렇게 해야 할까요?

• 아이가 수줍어하는 것을 인정해주면서 아이가 조금씩 나아지게 만듭니다.

효과가 바로 나타나는 솔루션

♡ 작은 연극을 기획하거나 의자 위에 서서 낭독할 기회 등을 자주 만들어 아이가 가족들 앞에서 발표하는 것을 시작으로 다른 사람들 앞에서도 발표할 수 있도록 도와주세요.

실패를 두려워하는 아이에겐 자신감을

자신감이 부족한 아이들은 다른 사람의 평가에 지나치게 예민하고, 자존심이 조금만 상해도 참지를 못합니다. 따라서 아이가 올바른 방향으로 자신감을 키워나가려면 부모가 아이의 장점을 지속적으로 찾고 알려주어야 합니다.

◎ 이렇게 해보세요

- 일상생활에서 용기를 주는 말을 자주 해줌으로써 아이에게 자신감을 갖게 해주세요. 부모가 아이에게 주는 믿음이 아이 스스로에 대한 믿음으로 변화될 수 있습니다.
- 아이에게 성공할 수 있는 경험, 성공할 수 있는 기회를 많이 만

들어주세요. 음악, 운동, 그림, 요리 등에서 아이가 잘 해내리라 예측되는 상황을 만들어주세요.

- 아주 사소한 일상의 활동 속에서도 아이의 자율성을 키워주세요.
- 항상 성공할 수만은 없다는 사실을 아이가 익숙하게 받아들이고, 발전하기 위해서는 노력이 필요하다고 알려주세요.
- 비록 성공하지 못했다 하더라도 아이가 최선을 다했다면, 부모가 특히 자랑스러워하는 것이 무엇인지 정확하게 강조하면서 온 마음을 다해 아이를 칭찬해주세요. 예를 들어 "엄마는 네가 그린 개구리의 튀어나온 눈이 정말 마음에 들어"라고 콕 집어 말해주세요.

아이에게 해주면 좋은 말

• 시험, 시합, 공연을 앞둔 아이에게 용기 주기

- 시합이 쉽지만은 않을 거야. 이번 시합은 어려울 수도 있어. 하지만 너는 해낼 수 있어. 너는 성공할 수 있어!
- 네가 성공하든 안 하든 엄마는 너를 늘 사랑한단다.
- 너는 시간을 헛되이 보내지 않았어!
- 아빠는 너를 믿어.
- 너는 할 수 있어. 너는 잘 해낼 수 있어.

- 성공하기 위해서 필요한 모든 것을 이미 네 안에 다 가지고 있어.
- 아빠는 결국 네가 해낼 것이라고 확신해. 그리고 비록 네가 성공하지 못한다고 하더라도, 아빠는 네가 시도하길 바라.
- 언젠가 성공할 그 날을 위해서 실망하지 않고 더 노력할 필요가 있어.
- 무언가를 배우기 위해서 몇 번의 실패는 반드시 필요한 과정이야.
- 다시 한번 시도해봐. 네가 한 번 더 시도할수록 성공할 가능성은 커지는 거야.

이렇게 하지 마세요

- "너는 할 수 있어. 그건 아주 쉬워!"라고 말하는 것보다 아이 앞에 놓인 어려움을 인정해주는 편이 더 좋습니다. 만일 아이가 자기 능력보다 쉬운 일을 수행해 성공한다면 아이는 대단한 일을 해냈다고 느끼지 못할 겁니다. 그리고 그 일에 실패한다면 아이는 아주 간단한 일조차 해낼 수 없다고 믿게 됩니다.
- 아이가 자신 없어 한다고 부모가 대신해주지 마세요.

❓ 왜 그렇게 해야 할까요?

- 아이가 자신의 능력에 대해서 자신감을 가질 수 있도록 도와줍니다.
- 아이가 가진 재능을 확인하고 스스로 이룬 성취에 만족해합니다.

효과가 바로 나타나는 솔루션

♡ 눈을 크게 뜨고 아이가 잘한 것을 찾아내서 칭찬해주세요.

♡ 아이가 무언가를 성공했다면 아이에게 "너는 너 자신이 자랑스럽지 않니?"라고 질문하면서 아이가 자신의 성공을 확인하고 자랑스러워하는 감정을 표현할 수 있게 도와주세요.

♡ 밤에 아이가 잠들기 전에 아이가 이룬 성취나 작은 성공에 대해 다시 한번 언급하고 엄마가 얼마나 기쁜지 말해주면서 그 일을 다시 떠올려보게 하세요.

♡ 아이가 용기를 얻기 위해서 부모에게 무엇을 필요로 하는지 알아보세요. 예를 들어, 부모의 칭찬과 격려, 아이의 장점을 북돋아 주는 말, 애정이 담긴 스킨십 등을 통해 아이에게 용기를 심어주세요.

한 번쯤 신체적인 특징으로 놀림을 당한 아이라면

놀림은 짓궂은 행동과 모욕적인 말 모두를 뜻합니다. 놀림은 한 사람을 웃음거리로 만드는 행동이므로 이런 행동은 상대방의 자존감에 상처를 줄 수 있습니다.

◎ 이렇게 해보세요

- 아이가 안경을 쓰든지 치아 교정기를 착용하든지 외모와 상관없이 부모는 아이를 사랑한다는 사실을 알려주세요.
- 아이가 자신을 객관적으로 바라볼 수 있게 해주고, 그 누구도 완벽하지 않다는 사실을 인식할 수 있도록 도와주세요. 사람들은 누구나 놀림의 대상이 될 수 있으니까요.

- 살다 보면 그 누구도 다른 사람을 완전히 만족시킬 수 없다는 사실을 아이에게 알려주세요.
- 만일 놀림이 지속된다면 적절히 대응하도록 하세요.
- 아이에게 단호하고 안정감 있는 억양으로 말하게 하세요.

아이에게 해주면 좋은 말

- 아이가 자신을 놀리는 사람에게 적절히 대답하게 하기

당장 멈춰. 왜냐하면 나 역시 하려고만 한다면 너를 아주 쉽게 놀릴 수 있거든.

- 놀림 받은 아이 위로해주기

너랑 네 안경은 같은 존재가 아니야! 너는 그저 안경을 가지고 있을 뿐이야.

네가 곱슬머리라서 사람들이 너를 놀리더라도 너는 항상 너이고, 엄마는 너를 늘 똑같이 사랑해. 네가 곱슬머리든 곱슬머리가 아니든 상관없이 말이야.

누구도 너를 놀릴 권리는 없어!

너도 다른 사람들과 똑같이 가치 있는 존재야.

네 친구들이 치아교정기를 한 너를 사랑하지 않는다면, 그 아이들은 친구가 아니야. 그 아이들에게 전혀 관심 가질 필요 없어. 너는 그 아이들 없이도 잘 지낼 수 있어. 왜냐하면 엄마 아빠가 너를 영원히 사랑할 거니까.

이렇게 하지 마세요

- "넌 왜 그러니! 속상하게"라고 말하며 아이를 탓하지 마세요.

왜 그렇게 해야 할까요?

- 아이가 놀림의 대상이 되는 물건이나 다른 아이들과 다른 신체적 특징을 가진 것과 자기 자신을 잘 구분할 수 있게 합니다.
- 아이가 친구들에게 놀림 받고 공격당하는 것을 잘 견딜 수 있게 도와줍니다.
- 아이의 자신감을 높이고 자존감을 보호합니다.

효과가 바로 나타나는 솔루션

♡ "엄마는 네가 어떤 모습이어도 좋아. 넌 그냥 너니까"라고 얘기해주세요.

♡ '빨강머리 앤'이나 '에디슨'처럼 친구들에게 놀림당했지만 이를 잘 극복한 사례를 얘기해주세요.

좌절을 처음 경험할 때 들려줄 용기 주는 말

아이들은 저마다의 재능을 가지고 태어납니다. 그림을 잘 그리지 못해서 그림 그리기를 포기하고, 노래를 잘 부르지 못해 노래를 부르지 않는다면 아이는 실력을 쌓을 기회조차 없게 됩니다. 다른 사람이 놀리더라도 아이가 계속해서 노력할 수 있게 부모가 격려해 준다면 자신의 재능을 발견할 수 있을 거예요.

◎ 이렇게 해보세요

- 아이가 느끼는 슬픔, 수치심, 분노에 공감하면서 아이를 진심으로 위로해주세요.
- 아이가 다른 사람들의 심술궂은 말에 마음이 다치지 않게 도와

주세요.

- 누군가가 놀리더라도 아이가 계속해서 그림을 그리거나 춤을 출 수 있게 격려해주세요.
- 지금은 실력이 안 되더라도 앞으로 열심히 노력하면 실력이 향상될 거라고 아이를 응원해주세요.

아이에게 해주면 좋은 말

• 좌절한 아이 위로해주기

네가 몹시 마음이 아프다는 건 엄마도 이해해.

그 아이가 너에게 했던 말은 아주 나빴어.

네 그림이 끔찍하다는 말이 마치 너에게는 이렇게 말하는 것처럼 들렸을 거야. "너는 끔찍해. 나는 너를 좋아하지 않아." 하지만 그 아이가 끔찍하다고 말하며 좋아하지 않는 것은 네가 아니라 네 그림이야.

그림을 계속해서 그리다 보면 실력이 더 나아질 거야. 네가 열심히 그린 그림을 엄마에게 보여주면 얼마나 나아졌는지 말해줄게.

아주 훌륭한 그림보다도 엄마는 네 그림이 정말 좋아.

너는 그 아이보다 축구는 잘하지 못해. 그게 뭐 어때서?

- 그 아이는 너보다 남을 사랑하는 재능은 훨씬 더 부족한 것 같은데. 그 아이는 그걸 더 배워야겠어!
- 어쩜 그렇게 열심히 하니? 정말 멋지다.

• 아이에게 계속할 수 있는 용기 주기

- 그래? 그래도 계속해봐! 너는 네가 만든 것에 대해서 자랑스러워해도 돼!
- 만일 네 그림이 네 마음에 든다면 비록 다른 사람이 그것을 좋아하지 않더라도 너는 네 그림을 계속 좋아해도 돼!
- 어떤 사람은 이걸 좋아하지 않을 권리가 있어. 우리 모두가 취향이 같을 필요는 없으니까. 네 마음에 드는지 아닌지가 중요한 거야.
- 그 친구가 네 그림을 좋아하지 않는 것은 중요하지 않아. 중요한 것은 그 아이가 여전히 너를 좋아한다는 사실이야.

⊗ 이렇게 하지 마세요

• 잘하지 못한다고 윽박지르지 마세요.

❓ 왜 그렇게 해야 할까요?

- 놀림의 대상과 아이 스스로를 구분하게 해줍니다.
- 아이의 자신감을 높이고 자존감을 보호합니다.

효과가 바로 나타나는 솔루션

♡ 처음에는 놀림거리였지만 나중에는 좋은 평가를 받았던 작품들을 찾아 보여주세요.

수치심과 죄책감에서 벗어나는 자존감 회복 훈련

아이가 가까운 사람으로부터 지속적으로 심한 비난과 거절을 당하게 되면 불안감과 두려움은 물론 수치심과 분노, 심할 경우 능력 저하와 사회 부적응으로까지 이어지게 됩니다.

◎ 이렇게 해보세요

- 아이가 느끼는 감정에 공감해주세요. 고통, 분노, 수치심, 창피함, 배신감 등의 감정에 깊이 공감해주면서 아이를 위로해주세요.
- 아이가 들었던 부적절한 비난을 바로잡아주세요. 때에 따라 비난을 한 사람 앞에서 하는 것도 좋습니다.
- 아이를 힘들게 하는 사람에게 아이를 맡기지 않도록 하세요. 심

지어 조부모라도 말입니다.

아이에게 해주면 좋은 말

- 아이의 감정에 공감해주기

엄마는 네가 창피하고 상처받았다는 걸 이해해.

- 아이가 들었던 부적절한 비난 바로잡기

엄마는 그 사람이 너에게 했던 말에 하나도 동의하지 않아.

설사 그 말이 사실이더라도 그 사람은 그런 식으로 말하지 말았어야 해.

이렇게 하지 마세요

- 우리 주변에 있는 가까운 사람이 아이에게 나쁜 영향을 끼칠 거라는 생각을 굳이 부인하려고 하지 마세요.
- 아이를 비난하는 사람이 가족의 일원이더라도 아이가 그 사람에게 괴롭힘을 당하도록 내버려 두지 마세요.

❓ 왜 그렇게 해야 할까요?

- 아이를 보호합니다.
- 가까운 사람이 아이를 부적절하게 비난한다면, 아이는 깊은 상처를 받을 수 있습니다. 심지어 아이는 사랑이 식었거나 배신당했다고 느껴 자신을 보호하고 사랑해줘야 하는 사람이 오히려 상처를 주고 있다고 생각할 수도 있습니다.

효과가 바로 나타나는 솔루션

♡ "넌 완벽한 사람은 아니지만 충분히 괜찮은 사람이야"라고 얘기해주세요.

♡ 아이에게 장점 목록을 쓰게 해 단점도 있지만 장점도 있다는 것을 깨닫게 해주세요.

친구로부터 상처받은 아이의 심리 먼저 이해하기

아이가 평소와는 다르게 시무룩해 보인다거나 무언가를 숨기는 것처럼 보인다면 아이에게 무슨 일이 있는 건 아닌지 자세히 살펴볼 필요가 있습니다. 아이가 학교에 가기 싫어하거나 두려워하는 기색이 있으면 학교에서 무슨 문제가 있는지 파악하고 부모가 나서서 도움을 주어야 합니다.

◎ 이렇게 해보세요

- 아이에게 누군가를 공격하지 않도록 가르치세요. 하지만 만일 누군가가 아이를 때리거나 위협하면, 아이에게 저항하고 때로는 방어하라고 해야 합니다.

- 거친 말투를 사용하거나 모욕적인 언행을 일삼는 사람에게는 반응하지 않게 하는 것이 좋습니다. 그리고 가능하다면 그런 사람과 멀리하게 하세요.
- 아이가 아이들의 괴롭힘에 상처받거나 약해지지 않도록 간단하게 마인드 컨트롤하는 법을 가르치세요. '마법의 우산'을 상상하게 하는 것도 좋은 방법입니다.
- 만일 어른으로부터 폭행이나 폭언을 당한다면 즉시 부모에게 알리라고 하세요.

아이에게 해주면 좋은 말

- 큰 소리로 따라 하게 하기

나는 그 사람들이 말하는 그런 형편없는 사람이 아니야. 다른 사람들과 마찬가지로 나 역시 뛰어난 사람이야.

나는 나 자신이 자랑스러워. 다른 사람들처럼 나 역시 유일한 존재니까. 그리고 나는 그럴만한 가치가 있어.

나는 그 말을 우산 위로 떨어지는 빗방울처럼 땅바닥으로 떨어지게 그냥 내버려 둘 거야.

나는 상처받지 않아. 그리고 마음속으로 '나 역시 뛰어난 사람이야'라는 말을 되뇌일 거야.

⊗ 이렇게 하지 마세요

- 모든 것을 아이 스스로 해결해야 한다고 생각해 아이가 처한 상황을 못 본 체하지 마세요.

? 왜 그렇게 해야 할까요?

- 아이가 자신의 내면을 보호하면서 괴롭히는 아이들로부터 자기 자신을 방어할 수 있도록 도와줍니다.
- 아이의 자신감을 높여주고 자존감을 지켜줍니다.

효과가 바로 나타나는 솔루션

♡ 아이에게 '마법의 우산'을 그림으로 그려서 설명해주세요. 이 방법은 아이가 다른 사람들의 말에 상처받지 않도록 하는 데 아주 효과적입니다. 우산을 쓰면 빗방울 소리는 들을 수 있지만 비에 젖지는 않습니다. 마찬가지로 마법의 우산 아래 있으면 심술궂은 말이 들리기는 하지만 그 말에 상처받지 않게 되죠. 마음속으로 이렇게 말하면서 말입니다. '나는 이 말에 절대로 상처받지 않아!'

♡ 아이에게 "아니, 나는 네 심술궂은 말을 거부해. 그 말을 너에게 돌려줄게!"라며 상대방에게 되돌려 보낼 권리가 있다고 설명해주세요.

♡ 아이가 잘못된 것에 "아니"라고 말할 수 있게 용기를 주세요.

지속적인 괴롭힘의 상황을 부모가 알았을 때 처음 대처법

지속적이고도 집요한 괴롭힘은 어릴 때 흔히 겪을 수 있는 문제라고 치부하기에는 여파가 매우 큽니다. 사회생활을 처음 시작하는 시기에 겪은 좋지 않은 경험은 성인이 되어서까지 대인관계를 위축시킬 수 있으므로 적절히 대처할 필요가 있습니다.

◎ 이렇게 해보세요

- 갑작스러운 야뇨증, 성적 하락, 수면 장애, 섭식 장애, 우울증 같은 증상들은 아이가 집요하게 괴롭힘을 당해 나타나는 신호일 수 있습니다. 부모는 이런 증상을 보이는 아이에게 잘 이야기하려 하지 않더라도 무슨 문제가 있는지 반드시 확인해야 합니다.

- 아이가 자신이 당하고 있는 일을 털어놓을 용기를 낼 수 있도록 아이와 신뢰를 바탕으로 대화할 수 있는 분위기를 만들어보세요. 물론 시간이 오래 걸릴 수도 있습니다. 누군가에게 모욕을 당하고 있으면 그 누구도 신뢰하기 힘드니까요.
- 아이가 두려움에서 벗어날 수 있도록 열과 성의를 다하세요. 아이를 위로해주고 아이를 보호할 수 있는 최선의 방법을 찾으세요. 선생님과 상담을 하거나 '마법의 우산'을 이용할 수도 있습니다.
- 집요한 괴롭힘을 당했을 경우 아이가 자신감을 회복할 수 있도록 심리치료사에게 상담을 받으세요.

아이에게 해주면 좋은 말

- 자신이 당하고 있는 일 털어놓을 용기 주기

만일 괴롭힘을 당하면 너는 언제라도 그 일에 대해서 엄마에게 말해줘야 해.

너를 두렵게 하거나 불편하게 하는 일이 있다면, 부모인 우리에게 즉각 그 사실을 알리는 것은 아주 중요해.

너 혼자 전전긍긍하지 마. 너는 그 일에 대해서 부끄러워할 필요 없어. 그건 절대로 네 잘못이 아니니까. 그건 잘못된 일이고 그렇게 되어서는 안 돼.

💬 엄마한테 말하고 나면 기분이 나아질 거야.

💬 어떤 어른도, 심지어 선생님조차도 너를 웃음거리로 만들거나 너에게 상처를 줄 권리는 없어.

⊗ 이렇게 하지 마세요

- 이 일도 결국 지나가리라 생각하며 그냥 내버려 두지 마세요.

? 왜 그렇게 해야 할까요?

- 우연히 발생한 폭력인지 피해가 심각할 수 있는 집요한 괴롭힘인지 구분합니다.
- 아이가 지속적인 괴롭힘을 당할 경우 가능한 한 빨리 부모에게 털어놓을 수 있게 합니다.
- 아이의 자신감을 높이고 자존감을 보호합니다.

효과가 바로 나타나는 솔루션

♡ 아이에게 친구 사이에서 문제가 생기면 가능한 한 빨리 부모에게 알리게 하세요.

♡ 어린이집이나 학교 선생님과 상의해 아이에게 어떤 문제가 있는지 파악하고, 부모가 도울 수 있는 방법을 생각해봅니다.

사랑받고 있다는 걸
느끼게 해주는 새로운 성교육

성폭력을 예방하기 위해서는 어린 시절부터 꾸준한 성교육이 필요합니다. 그러기 위해서는 내 몸은 소중하고 나 이외의 그 누구도 내 몸을 함부로 만져선 안 된다는 걸 지속적으로 알려주어야 합니다. 또한 혹여라도 불상사가 생길 경우 아이가 죄책감을 느끼지 않고 당당하게 살아갈 수 있도록 해야 합니다.

◎ 이렇게 해보세요

- 아이에게 스스로 경각심[15]을 가지고 조심하거나 경계해야 하는 구체적인 상황이나 환경에 대해 신중하게 알려주세요. 아이 혼자서 모든 예방책을 생각해낼 수는 없으니까요.

- 관련된 지침을 차분하고 분명한 어조로 알려주세요. 불필요하게 너무 세부적인 것까지 알려주거나 굳이 과장해서 얘기할 필요는 없습니다.
- 아이에게 이상한 말을 하거나 저속한 그림을 보여주고 싶어 하는 사람을 피하기 위해서는 용기를 내야 한다고 말해주세요.
- 아이들의 인터넷 접속에 대해 경계를 게을리하지 마세요. 학교나 다른 장소 혹은 아이의 친구들이 사용하는 태블릿이나 휴대폰 또한 경계할 필요가 있습니다.
- 아이와의 지속적인 대화를 통해서 아이에게 수치스러운 일이 생기더라도 아이가 그 일을 혼자서 전전긍긍하지 않고 즉각 부모에게 말할 수 있게 하세요.
- 아이의 태도에 갑작스러운 변화가 생겼다면 주의를 기울이세요.

아이에게 해주면 좋은 말

- 아이에게 비밀을 털어놓을 수 있는 용기 주기

너를 불편하게 했거나 두렵게 했던 일이 있다면 엄마에게 얘기해. 엄마는 언제든지 들을 준비가 되어 있어.

엄마 아빠는 너를 재판하거나 벌을 주기 위해서가 아니라 네 이야기를 들어주기 위해 있는 사람들이야.

누군가가 너에게 이상하거나 수치스럽게 느껴지는 말이나 행동을 한다면, 그것은 절대 네 잘못이 아니야. 그리고 너는 그 사실을 반드시 엄마에게 얘기해야 해.

네가 수치스럽게 느낀다고 엄마 아빠에게 말하지 않으면 안 돼. 오히려 엄마 아빠에게 말하지 않았다는 사실에 더 수치심을 느낄 거야!

• 차분하고 분명한 어조로 말하기

너의 몸을 존중하지 않고, 네가 좋아하지 않는 방식으로 네 몸을 쳐다보거나 만지고 싶어 하고, 연인 놀이를 하고 싶어 하는 아이나 어른들이 있어. 그럴 경우 이걸 꼭 기억해야만 해. 머릿속으로 '안 돼'라는 생각이 들 때는 아주 단호하게 거절할 수 있어야 해. 그럴 때는 아주 큰 소리로 "안 돼"라고 소리쳐!

무언가 이상하다고 여겨지고, 특히 누군가가 너에게 비밀로 해달라고 하며 이상한 행동을 한다면, 너는 그와 반대로 가능한 한 빨리 엄마 아빠에게 그 사실을 이야기해야만 해.

⊗ 이렇게 하지 마세요

- 아이가 당할 수 있는 다양한 형태의 성추행에 대해서 감추고 비밀로 하지 마세요.
- 확실하게 신원을 알아보지 않고 베이비시터를 고용하지 마세요.
- 신체, 성, 사랑에 대해 가볍게 여길 수 있는 단어를 사용하지 마세요.
- 아이가 연인 놀이를 하도록 내버려 두지 마세요. 이러한 놀이는 반드시 역효과를 가져옵니다.
- 아이가 어른이 없는 곳, 비록 집이라고 하더라도 이성 친구와 단둘이 놀도록 내버려 두지 마세요. 혹은 방문을 닫고 놀게 하지 마세요.

? 왜 그렇게 해야 할까요?

- 아이가 만 4세, 그리고 말을 배우기 시작할 때부터 성폭행의 위험에 대해 알게 합니다.
- 아이에게 믿을 수 있는 어른에게 자신이 느끼는 고통에 대해서 말하는 것의 중요성을 가르칩니다.
- 아이에게 싫은 것을 거절할 수 있는 용기를 키워줍니다.
- 아이가 불건전한 비밀을 혼자 간직하는 것을 피할 수 있게 합니다.

효과가 바로 나타나는 솔루션

♡ 부모가 정해준 몇몇 사람을 제외하고는 절대 따라가선 안 된다고 교육하

세요.

♡ 아이가 자신의 몸이 놀잇감이 아니라는 사실을 의식할 수 있도록 성교육에 주의를 기울이세요.

♡ "내 몸은 내 거야!"라고 생각할 수 있게 해주세요.

chapter 1. 상처 주지 않고 말하는 방법을 알았더라면

1 루이스 파스퇴르(Louis Pasteur, 1822~1895) 프랑스의 화학자이자 미생물학자.

2 Jean-Marie Frécon, *Comme le lion et le lionceau, 40 jeux pour plus de complicité parent-enfatn*, Albin Michel, 2017.

3 Adele Faber, Elaine Mazlish, *Parler pour que les enfants écoutent, écouter pour que les enfants parlent*, Editions du Phare, 2016.

4 루돌프 드라이커스(Rudolf Drekurs, 1897~1972) 미국의 심리학자.

5 Isabelle Filliozat, *Au coeur des émotions de l'enfant*, Poche Marabout, 2013.

6 Gary Chapman, Ross Campbell, *Langages d'amour des enfants. Les actes qui disent "je t'aime"*, Farel, 2016.

chapter 2. 자존감과 사회성을 키우는 마음을 읽는 대화

7 Véronique Lemoine-Cordier, *Guide de survie à l'usage des parents. Les mots pour aider votre enfant à grandir heureux*, Quasar, 2013.

8 Isabelle Filliozat, *Au coeur des émotions de l'enfant*, Poche Marabout, 2013.

9 Véronique Lemoine-Cordier, op. cit.

10 "나는 결코 잃을 것이 없다. 나는 이기든지, 배우든지 할 테니까." _넬슨 만델라(Nelson Mandela, 1918~2013) 남아프리카 공화국 대통령.

chapter 3. 혼내기 전에 아이의 불안감 이해하기

11 Bernadette Lemoine, *Maman, ne me quitte pas!*, Saint-Paul, 2005.

chapter 4. 공부 태도가 바뀌는 따뜻한 말의 기적

12 Bernadette Lemoine, *Le Secret de la vraie réussite*, EdB, 2011.

13 정보를 뇌로 보내는 기능을 키우기 위한 훈련법으로 아이에게 눈을 감고 칠판 하나를 상상하게 합니다. 그런 다음에 알파벳 하나하나를 머릿속 칠판에 써보게 합니다. 한 번에 알파벳 하나씩만 쓰고, 새로운 알파벳을 쓸 때마다 기존의 알파벳은 지우는 방식입니다. A부터 Z까지 다 쓰고 나면 A부터 다시 쓰게 합니다. 하루에 5분 정도 훈련하면 효과적입니다.

14 Nathalie de Boisgrollier, *Heureux à l'école: tout commence à la maison*, Albin Michel, 2015.

chapter 5. 아이의 마음을 지옥으로 만드는 말 끊어내기

15 Inès Pélissié du Rausas, *S'il te plaît, parle-moi de l'amour. L'éducation affective et sexuelle de l'enfant de 3 à 12 ans*, collection Topiques, Saint-Paul, 2005.